BEI GRIN MACHT SICH IHR WISSEN BEZAHLT

Ernst Probst

Eiszeitliche Raubkatzen in Deutschland

Mit Zeichnungen von Shuhei Tamura

GRIN Verlag

Bibliografische Information der Deutschen Nationalbibliothek:

Die Deutsche Bibliothek verzeichnet diese Publikation in der Deutschen National-
bibliografie; detaillierte bibliografische Daten sind im Internet über http://dnb.d-
nb.de/ abrufbar.

Dieses Werk sowie alle darin enthaltenen einzelnen Beiträge und Abbildungen
sind urheberrechtlich geschützt. Jede Verwertung, die nicht ausdrücklich vom
Urheberrechtsschutz zugelassen ist, bedarf der vorherigen Zustimmung des Verla-
ges. Das gilt insbesondere für Vervielfältigungen, Bearbeitungen, Übersetzungen,
Mikroverfilmungen, Auswertungen durch Datenbanken und für die Einspeicherung
und Verarbeitung in elektronische Systeme. Alle Rechte, auch die des auszugsweisen
Nachdrucks, der fotomechanischen Wiedergabe (einschließlich Mikrokopie) sowie
der Auswertung durch Datenbanken oder ähnliche Einrichtungen, vorbehalten.

Impressum:

Copyright © 2011 GRIN Verlag GmbH
Druck und Bindung: Books on Demand GmbH, Norderstedt Germany
ISBN: 978-3-640-92854-5

Dieses Buch bei GRIN:

http://www.grin.com/de/e-book/172682/eiszeitliche-raubkatzen-in-deutschland

GRIN - Your knowledge has value

Der GRIN Verlag publiziert seit 1998 wissenschaftliche Arbeiten von Studenten, Hochschullehrern und anderen Akademikern als eBook und gedrucktes Buch. Die Verlagswebsite www.grin.com ist die ideale Plattform zur Veröffentlichung von Hausarbeiten, Abschlussarbeiten, wissenschaftlichen Aufsätzen, Dissertationen und Fachbüchern.

Besuchen Sie uns im Internet:

http://www.grin.com/

http://www.facebook.com/grincom

http://www.twitter.com/grin_com

Mosbacher Löwe (Panthera leo fossilis).
Zeichnung von Shuhei Tamura

Ernst Probst

Eiszeitliche Raubkatzen in Deutschland

*Mit Zeichnungen
von Shuhei Tamura*

Widmung

Shuhei Tamura
aus Kanagawa in Japan gewidmet,
der den Autor
bei zahlreichen Buchprojekten
unterstützt hat

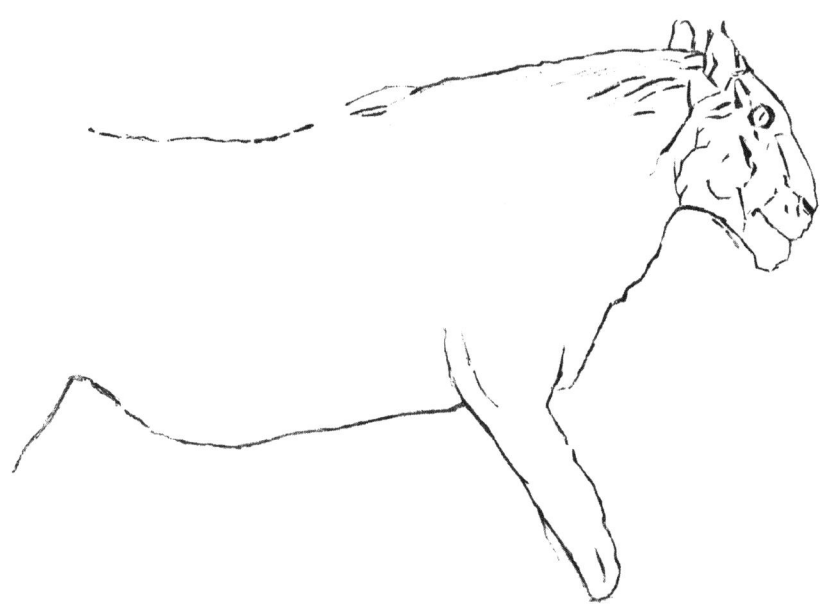

*Zeichnung eines Höhlenlöwen aus dem Magdalénien
vor etwa 18.000 bis 11.500 Jahren
an einer Felswand der Grotte
von Les Combarelles bei Les Eyzies-de-Tayac-Sireuil
im Departement Dordogne (Frankreich),
Länge der Zeichnung etwa 70 Zentimeter,
Schulterhöhe ungefähr 68 Zentimeter*

Dank

Für Auskünfte, mancherlei Anregung, Diskussion
und andere Arten der Hilfe danke ich:

Dr. Alain Argant,
Institut Dolomieu, Grenoble

Dr. Robert Darga,
Naturkunde- und Mammut-Museum Siegsdorf

Dr. Cajus G. Diedrich,
Paläontologe, PalaeoLogic, Halle/Westfalen

Thomas Engel,
geologischer Präparator,
Naturhistorisches Museum Mainz /
Landessammlung für Naturkunde Rheinland-Pfalz

Mike Everhart, Adjunct Curator of Paleontology,
Sternberg Museum of Natural History,
Fort Hays State University, Hays, Kansas

Ulrich H. J. Heidtke,
Niederkirchen (Pfalz)

Prof. Dr. Helmut Hemmer, Mainz

Dr. Brigitte Hilpert,
Geozentrum Nordbayern, Fachgruppe PaläoUmwelt,
Erlangen

Dr. rer. nat. habil. Ralf-Dietrich Kahlke,
Leiter der Forschungsstation
für Quartärpaläontologie der
Senckenbergischen Naturforschenden Gesellschaft,
Weimar

Dr. Thomas Keller,
Landesamt für Denkmalpflege Hessen,
Archäologische und Paläontologische Denkmalpflege,
Wiesbaden

Professor Dr. Hans-Jürg Kuhn, Göttingen

Dr. Peter Lanser, LWL-Museum für Naturkunde,
Westfälisches Landesmuseum mit Planetarium,
Münster

Dick Mol, Mammut-Experte,
Hoofddorp bei Amsterdam, Niederlande

ao. Prof. Dr. Mag. Doris Nagel,
Universität Wien,
Institut für Paläontologie

Péter Papp, Geologe,
Magyar Állami Földtani Intézet /
Geological Institute of Hungary, Budapest

o. Univ. Prof. Mag. Dr. Gernot Rabeder,
Institut für Paläontologie,Universität Wien

Thomas Rathgeber,
Staatliches Museum für Naturkunde Stuttgart

Klaus Reis, Deidesheim

Dr. Wilfried Rosendahl,
Reiss-Engelhorn-Museen Mannheim

Georg Sack,
Leiter des Heimatmuseums Biebrich, Wiesbaden

Dieter Schreiber,
Dipl.-Geologe,
Staatliches Museum für Naturkunde Karlsruhe

Marion Schütz,
Geschäftsstellenleiterin,
Homo heidelbergensis von Mauer e. V.,
Mauer bei Heidelberg

Shuhei Tamura, Kanagawa, Japan

Thüringer Zoopark Erfurt

Martin Walders,
Museum für Ur- und Ortsgeschichte
(Quadrat Bottrop)

Dr. Stefan Wenzel,
Forschungsbereich Vulkanologie, Archäologie
und Technikgeschichte des
Römisch-Germanischen Zentralmuseums Mainz,
Mayen

Frank Wouters, Antwerpen, Belgien

Höhlenlöwe (Panthera leo spelaea) mit Beutetier.
Zeichnung des Tiermalers Heinrich Harder (1858–1935)

Inhalt

*Älteste Löwenspuren Europas
in Bottrop-Welheim*

Vorwort

Eiszeitliche Raubkatzen in Deutschland

Im Eiszeitalter (Pleistozän) vor etwa 2,6 Millionen Jahren bis vor ca. 10.700 Jahren lebten im Gebiet von Deutschland etliche große Raubkatzen. Durch Funde von Knochen und Zähnen sind Löwen, Jaguare, Säbelzahnkatzen, Dolchzahnkatzen, Leoparden, Geparde und Pumas nachgewiesen, die zu verschiedenen Zeiten und teilweise zusammen existierten. Am größten war der Mosbacher Löwe (*Panthera leo fossilis*) mit einer Gesamtlänge bis zu 3,60 Metern, der nach dem ehemaligen Dorf Mosbach zwischen Wiesbaden und Biebrich benannt ist. Besonders viele Reste hat man vom Höhlenlöwen (*Panthera leo spelaea*) entdeckt, der vor rund 300.000 Jahren aus dem Mosbacher Löwen hervorgegangen ist. Merklich seltener kamen offenbar Jaguare, Säbelzahnkatzen, Dolchzahnkatzen, Leoparden, Geparde und Pumas vor. Das Taschenbuch „Eiszeitliche Raubkatzen in Deutschland" des Wiesbadener Wissenschaftsautors Ernst Probst ist Shuhei Tamura aus Kanagawa in Japan gewidmet, der den Autor bei zahlreichen Buchprojekten unterstützt hat.

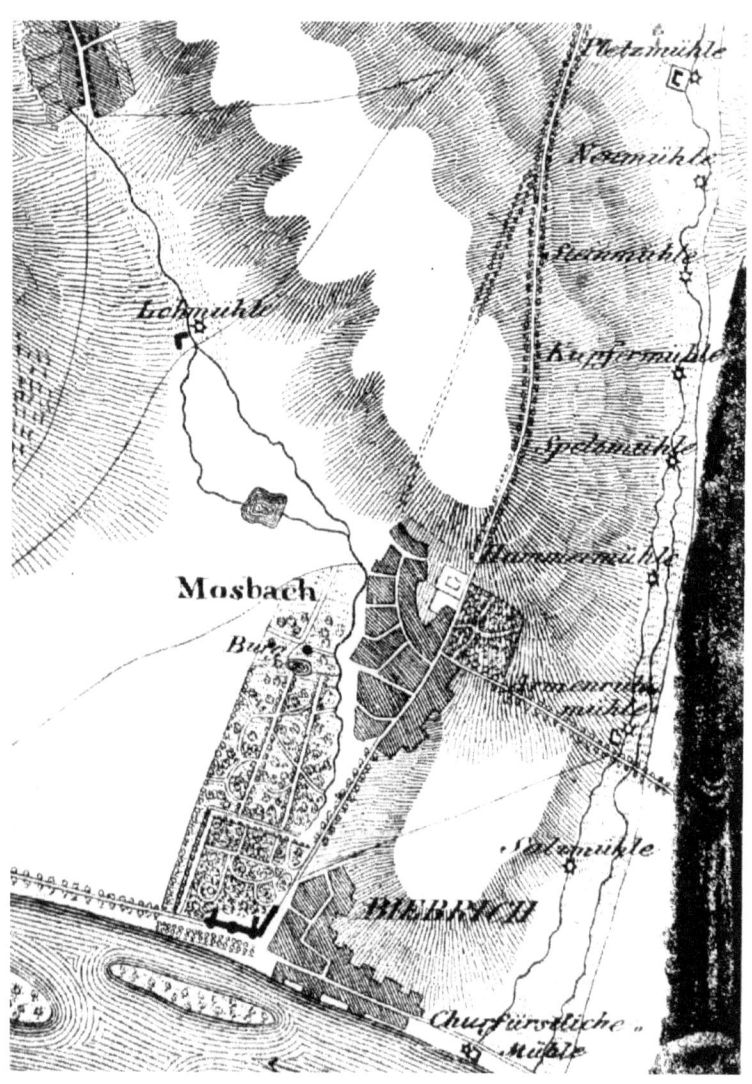

*Dorf Mosbach
auf einem Plan von 1819*

16

Der Mosbacher Löwe

Der Mosbacher Löwe (*Panthera leo fossilis*) gilt als der geologisch älteste Löwe in Europa. Er trat im Eiszeitalter (Pleistozän) vor etwa 700.000 Jahren erstmals auf, wie ein Fund aus Isernia bei Molise in Italien belegt. Vor etwa 600.000 Jahren ist er aus den Mosbach-Sanden von Mosbach in Wiesbaden sowie aus den Mauerer Sanden von Mauer bei Heidelberg nachgewiesen. Mosbach war einst ein Dorf zwischen Wiesbaden und Biebrich und wurde später eingemeindet. Originalfunde vom Mosbacher Löwen liegen im Naturhistorischen Museum Mainz, in der Universität Mainz, im Museum Wiesbaden und im Urgeschichtlichen Museum der Gemeinde Mauer.

Die erste wissenschaftliche Beschreibung des Mosbacher Löwen erfolgte 1906 durch den Mainzer Paläontologen Wilhelm von Reichenau (1847–1925). Ihm hatten Funde aus Museen in Mainz (linker Unterkieferast und eine Elle aus Mosbach), Wiesbaden (eine Elle aus Mosbach), Darmstadt (linker Unterkieferast aus Mosbach) und Frankfurt am Main (rechter Unterkieferast aus Mosbach) sowie aus der Universität Heidelberg (linker Unterkieferast und ein rechter Oberkiefer-Reißzahn aus Mauer bei Heidelberg) vorgelegen. Diese Funde verglich er mit Resten von Höhlenlöwen aus Steeden an der Lahn sowie von heutigen Löwen und Tigern. Reichenau ordnete

Der Mainzer Paläontologe Wilhelm von Reichenau
(1847–1925) beschrieb 1906 als Erster wissenschaftlich
den Mosbacher Löwen (Panthera leo fossilis).

Mosbacher Löwe (Panthera leo fossilis), links unten.
Lebensbild von Fritz Wendler (1941–1995) aus dem Buch
„Deutschland in der Urzeit" (1986) von Ernst Probst

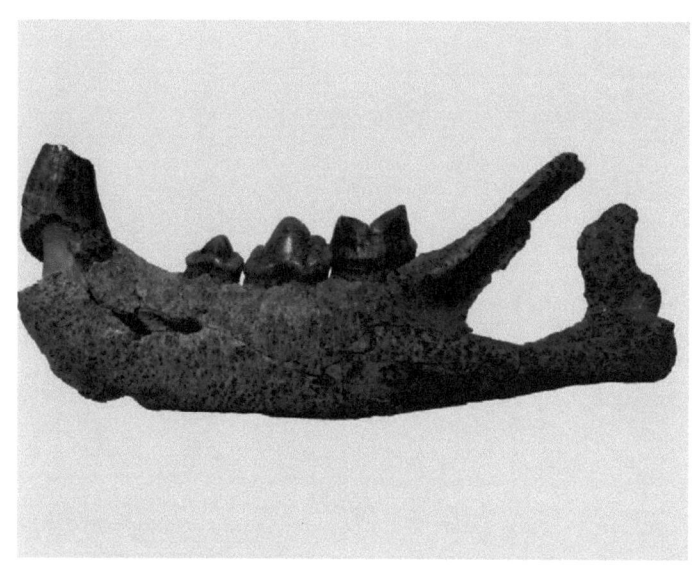

*Funde vom Mosbacher Löwen aus den Mosbach-Sanden
von Wiesbaden im Naturhistorischen Museum Mainz /
Landessammlung für Naturkunde Rheinland-Pfalz:
20 Zentimeter langer Unterkiefer (oben)
und 11,5 Zentimeter langer Eckzahn (unten)*

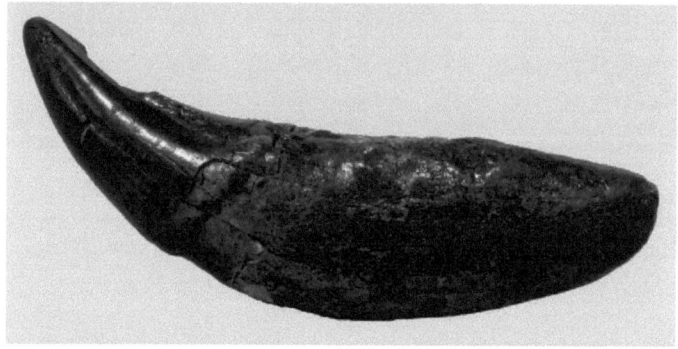

diese Funde einer fossilen Unterart des Löwen namens „*Felis leo fossilis*" zu. Die heute gültige Bezeichnung für diese Unterart lautet *Panthera leo fossilis*.

Der Mosbacher Löwe wurde oft von Wissenschaftlern untersucht und teilweise von ihnen unter anderen Namen beschrieben. Einer dieser Experten – nämlich der Berliner Paläontologe Wilhelm Otto Dietrich (1881–1964) – nannte ihn 1968 *Panthera leo mosbachensis*, was sich aber nicht durchsetzte. Auch der Name „Alt-Panther" für den Mosbacher Löwen behauptete sich nicht.

Ein fast kompletter, etwa 43 Zentimeter langer Ober-schädel eines Mosbacher Löwen wurde um 1885 in den Mauerer Sanden von Mauer bei Heidelberg entdeckt. Diesen Löwen-Oberschädel hat 1912 der Paläontologe Adolf Wurm (1886–1968) beschrieben. Bei dem Fund-ort handelte es sich um die Sandgrube Grafenrain, wo am 21. Oktober 1907 der Unterkiefer des Heidelberg-Menschen (*Homo erectus heidelbergensis* bzw. *Homo heidel-bergensis*) zum Vorschein kam. Dieser Frühmensch gilt mit einem geologischen Alter von etwa 630.000 Jahren als der älteste bekannte Mitteleuropäer. Der Unterkiefer des Heidelberg-Menschen wird im Geologisch-Pa-läontologischen Institut der Universität Heidelberg auf-bewahrt. Dort lag früher auch der Löwen-Oberschädel aus Mauer, bevor er 1982 anlässlich der 75. Wiederkehr der Entdeckung des Heidelberg-Menschen dem Ur-geschichtlichen Museum der Gemeinde Mauer als Dauerleihgabe überlassen wurde.

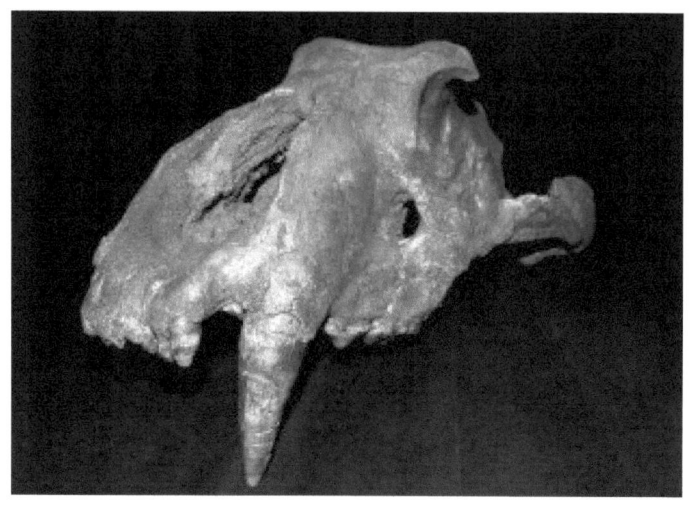

*43 Zentimeter langer Oberschädel eines Mosbacher Löwen
aus den Mauerer Sanden von Mauer bei Heidelberg,
Original im Urgeschichtlichen Museum der Gemeinde Mauer*

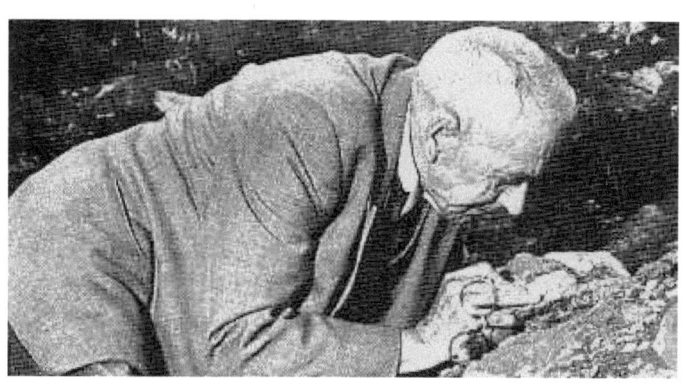

Südafrikanischer Paläontologe Robert Broom (1866–1951)

22

Dass eine diesen ersten europäischen Löwen sehr nahe stehende Form schon viel früher existierte, zeigt die frappierende Formähnlichkeit eines Löwenunterkiefers aus den Mosbach-Sanden in Deutschland mit dem rund 1,75 Millionen Jahre alten Unterkiefer eines Löwen aus der Olduvai-Schlucht in Tansania (Afrika). Dieser frühe Löwe aus Afrika wird zur Unterart *Panthera leo shawi* gerechnet, die 1948 der südafrikanische Arzt und Paläontologe Robert Broom (1866–1951) beschrieben hat. Noch mehr als die Mosbacher Teilfunde lässt der Löwenschädel aus Mauer bei Heidelberg erkennen, dass diese Tiere eine ursprünglichere Stufe der Hirnentwicklung als die meisten heutigen Löwen aufwiesen. Das Hirn des Mosbacher Löwen dürfte etwa dem des in freier Wildbahn und in unvermischter Form auch in Gefangenschaft ausgestorbenen Berberlöwen oder Atlaslöwen (*Panthera leo leo*) und dem des Indischen Löwen (*Panthera leo goojratensis*) oder Asiatischen Löwen (*Panthera leo persica*) entsprechen. Letztere beiden Löwen besitzen weniger Hirnmasse als Afrikanische Löwen (*Panthera leo*). Es scheint, als ob Löwen mit der geringeren Hirnentwicklung auch in ihrem Sozialverhalten noch weniger entwickelt waren als gegenwärtige Afrikanischen Löwen. Sie werden deshalb paarweise oder als Einzelgänger gelebt und gejagt haben. Sicherlich mussten sich die Großkatzen von Mosbach und Mauer wie die noch vor einigen Jahrzehnten im Atlasgebirge heimischen Berberlöwen auch bei Schnee, Frost und Eis behaupten.

*Lebensbild des Mosbacher Löwen (Panthera leo fossilis),
Ausschnitt eines Gemäldes von Fritz Wendler aus dem Buch
„Deutschland in der Urzeit" (1986) von Ernst Probst*

*Lebensbild des Mosbacher Löwen (Panthera leo fossilis).
Zeichnung von Shuhei Tamura*

24

Der Mosbacher Löwe gilt mit einer maximalen Gesamtlänge bis zu etwa 3,60 Metern als die größte Raubkatze in Deutschland und Europa. Seine Kopfrumpflänge betrug ca. 2,40 Meter, hinzu kam noch ein etwa 1,20 Meter langer Schwanz. Nur der Amerikanische Höhlenlöwe (*Panthera leo atrox*) mit einer maximalen Gesamtlänge von ungefähr 3,70 Metern übertraf die Maße des Mosbacher Löwen.

Der Mosbacher Löwe behauptete sich vermutlich bis vor schätzungweise 300.000 Jahren. Aus ihm entwickelte sich der Europäische Höhlenlöwe (*Panthera leo spelaea*). Alain Argant, Jacqueline Argant, Marcel Jeannet (alle drei aus Frankreich) und Margarita Erbajeva (Russland) haben 2007 in der Publikation „Courier Forschungs-Institut Senckenberg" eine Karte veröffentlicht, auf der zahlreiche Fundorte des Mosbacher Löwen erwähnt sind:

Frankreich: Château, Aldène, Lunel-Viel, Tautavel/Arago-Höhle, La Fage, Artenac
Spanien: Torralba-Ambrona, Atapuerca/Gran Dolina
Belgien: Sprimont/Belle-Roche
England: Westbury-sub-Medip, Boxgrove
Deutschland: Dechenhöhle, Mauer, Mosbach, Heppenloch/Gutenberger Höhle, Weimar-Süßenborn, Weimar-Taubach, Bilzingsleben, Moggaster Höhle, Hunas/Hartmannshof
Österreich: Deutsch-Altenburg 1
Tschechien: Stránská skála
Ungarn: Várhegy, Vértesszölös II

Lebensbild eines Frühmenschen aus dem Eiszeitalter.
Zeichnung von Fritz Wendler aus dem Buch
„Deutschland in der Steinzeit" (1991) von Ernst Probst

26

Griechenland: Petralona, Megapolis
Moldawien: Tiraspol
Italien: Torre in Pietra, Isernia

Besonders viele Raubkatzen-Funde aus dem Eiszeitalter kamen in Château (Burgund) zum Vorschein. Dort hatte man 1863 bei Straßenbauarbeiten viele Knochen von Bären und Löwen entdeckt. 1968 wurde diese alte Fundstelle wieder aufgespürt. Zwischen 1997 und 2002 nahm der Paläontologe Alain Argant dort Grabungen vor. Zum Fundgut von Château gehören Fossilien vom Mosbacher Bären (*Ursus deningeri*), Etruskischen Wolf (*Canis etruscus*), Mosbacher Wolf (*Canis lupus mosbachensis*), ein komplettes Skelett mit Schädel vom Europäischen Jaguar (*Panthera onca gombaszoegensis*) sowie drei Schädel, sechs Kieferfragmente und ein Fuß vom Mosbacher Löwen (*Panthera leo fossilis*).

Begegnungen mit Mosbacher Löwen dürften vor rund 600.000 Jahren für unsere damaligen Vorfahren lebensgefährlich gewesen sein. Denn diese Frühmenschen verfügten – nach den Funden zu urteilen – noch über keine wirkungsvollen Waffen. Stoßlanzen und Wurfspeere standen vermutlich erst zwischen etwa 400.000 und 300.000 Jahren zur Verfügung, wie Funde von acht etwa 1,80 bis zu 2,50 Meter langen Speeren im Baufeld Süd des Braunkohletagebaus Schönfeld (Landkreis Helmstedt) in Niedersachsen belegen. Spätestens zwischen etwa 400.000 und 300.000 Jahren also hat sich die Lage zugunsten der Menschen verändert. Nun gehörte der Löwe zur Jagdbeute von Frühmenschen, wie als Speiseabfälle gedeutete Reste bei Ausgrabungen in Bilzingsleben (Kreis Artern) in Thüringen bezeugen.

Lebensbild des
Europäischen Höhlenlöwen
(Panthera leo spelaea)
von Shuhei Tamura

*Der Arzt und Naturforscher Georg August Goldfuß
(1782–1848) hat 1810 als Erster
den Europäischen Höhlenlöwen (Panthera leo spelaea)
wissenschaftlich beschrieben.*

Der Europäische Höhlenlöwe

Der Europäische Höhlenlöwe (*Panthera leo spelaea*) existierte im Eiszeitalter vor etwa 300.000 bis 10.000 Jahren. Er erreichte eine Kopfrumpflänge von etwa 1,45 bis 2,20 Metern, wozu noch der Schwanz kam, sowie eine Schulterhöhe von etwa 0,90 bis 1,50 Metern. Das Gewicht der größten Höhlenlöwen wird auf mehr als 300 Kilogramm geschätzt. Heutige Löwen bringen es auf eine Kopfrumpflänge von etwa 1,90 Metern, wozu noch 0,90 Meter für den Schwanz hinzukommen, eine Schulterhöhe von etwa einem Meter und ein Gewicht von rund 175 Kilogramm. Ein in Siegsdorf (Kreis Traunstein) in Bayern entdeckter Höhlenlöwe hatte eine Kopfrumpflänge von etwa 2,10 Metern und eine Schulterhöhe von etwa 1,20 Metern.

Besonders viele Funde von Höhlenlöwen liegen aus dem Oberpleistozän (etwa 125.000 bis 11.700 Jahre) vor. Die meisten Reste von Höhlenlöwen wurden in Bayern, Nordrhein-Westfalen und Baden-Württemberg entdeckt. Dagegen hat man im Saarland, in Schleswig-Holstein, in Bremen und in Mecklenburg-Vorpommern bisher keine Höhlenlöwen gefunden. Fossilien von Höhlenlöwen werden in zahlreichen deutschen Museen aufbewahrt.

Der Arzt und Naturforscher Georg August Goldfuß (1782–1848) hat 1810, als er noch in Erlangen arbeitete,

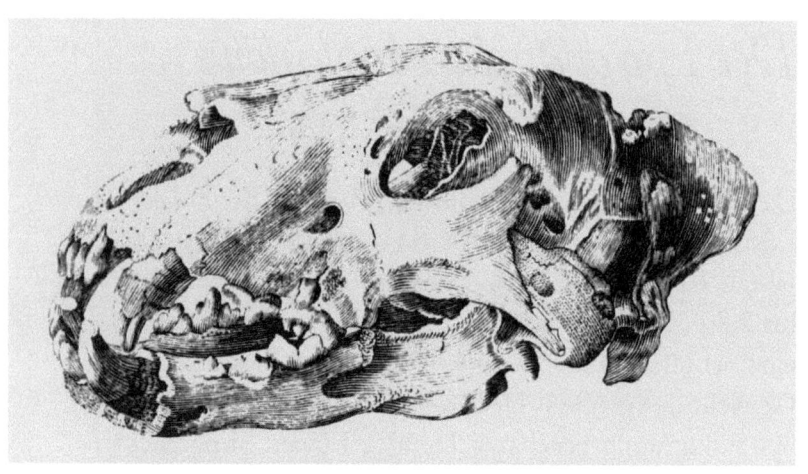

Zeichnung des Originalfundes aus der Zoolithenhöhle
von Burggaillenreuth bei Muggendorf
in der Fränkischen Schweiz (Oberfranken) in Bayern,
nach dem 1810 der Europäische Höhlenlöwe
(Panthera leo spelaea) erstmals beschrieben worden ist.
Dieser so genannte Holotyp wird im Museum für Naturkunde
Berlin der Humboldt-Universität aufbewahrt.

Eingang zur Zoolithenhöhle von Burggaillenreuth
bei Muggendorf in der Fränkischen Alb (Oberfranken)
in Bayern zu Beginn der 1770-er Jahre.
Die Zoolithenhöhle ist ein berühmter Fundort
eiszeitlicher Säugetiere. Der Höhlenbär, der Höhlenlöwe
und die Höhlenhyäne wurden anhand von Funden
aus dieser Höhle erstmals wissenschaftlich beschrieben.

Der Paläontologe Cajus G. Diedrich
aus Halle/Westfalen
hat in vielen deutschen Museen
fossile Reste von Höhlenhyänen (Crocuta crocuta spelaea)
und Höhlenlöwen (Panthera leo spelaea)
aus dem Eiszeitalter
wissenschaftlich untersucht und beschrieben.
Weil die Höhlenlöwen nachweislich
keine Höhlen als Lebens- oder Geburtsort nutzten,
bezeichnet er sie als „eiszeitliche Löwen"
oder „spätpleistozäne Steppenlöwen".

den Höhlenlöwen anhand eines Schädelfundes aus der Zoolithenhöhle im Wiesenttal von Burggaillenreuth bei Muggendorf in der Fränkischen Schweiz erstmals wissenschaftlich beschrieben. Goldfuß war ein besonders tüchtiger Gelehrter: Ihm ist die Entdeckung von etwa 200 Fossilien aus verschiedenen Fundstellen und Zeitaltern geglückt, die er wissenschaftlich untersuchte und publizierte.

Noch heute ist der so genannte Holotyp, nach dem der Europäische Höhlenlöwe (*Panthera leo spelaea*) erstmals beschrieben worden ist, im Museum für Naturkunde Berlin der Humboldt-Universität vorhanden. Nach Erkenntnissen des Paläontologen Cajus G. Diedrich aus Halle/Westfalen handelt es sich dabei um den recht großen Schädel eines erwachsenen männlichen Höhlenlöwen. Der 40,2 Zentimeter lange Schädel stammt aus der Würm-Eiszeit (etwa 115.000 bis 11.700 Jahre).

Der Holotyp des Höhlenlöwen aus der Zoolithenhöhle wurde aus Teilen von mindestens zwei Tieren zusammengesetzt, fand Diedrich heraus. So ist der linke Oberkieferast rund drei Zentimeter kürzer und auch, was seine Proportionen anbetrifft, merklich schlanker als der rechte. Offenbar stammt der rechte Oberkieferast mit einem großen Eckzahn von einem Männchen, der linke dagegen von einem Weibchen.

Die Zoolithenhöhle wurde durch Unmengen fossiler Tierknochen berühmt. Dort fand man Reste von schätzungsweise etwa 800 Höhlenbären (*Ursus spelaeus*),

Erforscher von Höhlen in der Fränkischen Schweiz:
Pfarrer Johann Friedrich Esper (1732–1781) aus Uttenreuth
bei Erlangen (oben),
Paläontologin Brigitte Hilpert vom Geozentrum Nordbayern,
Fachgruppe PaläoUmwelt, in Erlangen (unten)

aber auch von zahlreichen Höhlenhyänen (*Crocuta crocuta spelaea*) und von ungewöhnlich vielen Höhlenlöwen. Dieser Fundreichtum bewog den evangelischen Pfarrer Johann Friedrich Esper (1732–1781) aus Uttenreuth bei Erlangen, der 1771 seine erste Erkundungsreise in die geheimnisvolle Unterwelt unternommen hatte, die Höhle phantasievoll als „Kirchhof unter der Erde" zu bezeichnen.

Zur Zeit von Pfarrer Johann Friedrich Esper wurden in der Zoolithenhöhle erstaunlich viele Reste von Höhlenlöwen geborgen. Nach Angaben der Paläontologin Brigitte Hilpert vom Geozentrum Nordbayern, Fachgruppe PaläoUmwelt, in Erlangen hat man dort Fossilien von rund 25 Höhlenlöwen gefunden. Bei Grabungen ab 1971 kamen noch einige Schädel-, Kiefer- und Skelettreste dazu. Nirgendwo in der Welt sind mehr Höhlenlöwen entdeckt worden als in der Zoolithenhöhle!

Während bei den Mosbacher Löwen nie bezweifelt wurde, dass es sich um Überreste von Löwen handelt, hielt man anfangs die Höhlenlöwen aus dem Oberpleistozän (etwa 127.000 bis 11.700 Jahre) oft für Tiger und nannte sie „Höhlentiger". Dies lag daran, dass die Höhlenlöwen in dem einen oder anderen Merkmal dem Erscheinungsbild von Tigern ähnelten. Noch immer befinden sich in vielen Museen der Welt fehlbestimmte fossile „Tiger". Inzwischen kennen aber erfahrene Zoologen am Schädelknochen unter anderem einige sogar mit den Fingern ertastbare Nervenlöcher und

Der Geoarchäologe Wilfried Rosendahl
aus Mannheim (Foto),
der Biologe Joachim Burger aus Mainz
und der Zoologe Helmut Hemmer aus Mainz
identifizierten 2004
durch einen DNA-Test
den Höhlenlöwen eindeutig als Unterart
der Art Panthera leo.

Muskelansätze, die optisch nicht so sehr ins Gewicht fallen, an denen sich aber Löwe und Tiger sicher unterscheiden lassen.

2004 gelang es einem deutschen Forscherteam um den Geoarchäologen Wilfried Rosendahl (Mannheim), den Biologen Joachim Burger (Mainz) und den Zoologen Helmut Hemmer (Mainz), durch einen DNA-Test den Höhlenlöwen eindeutig als Unterart der Art *Panthera leo* zu identifizieren. Damit wurde ein seit der wissenschaftlichen Erstbeschreibung von 1810 durch den Arzt und Naturforscher Georg August Goldfuß bestehender Streit endgültig entschieden, ob es sich bei den Fossilien um Reste eines Löwen oder eines Tigers handelt. Für diese aufsehenerregende Erbgutanalyse (DNA-Test) hatte man Höhlenlöwenfossilien aus Siegsdorf in Bayern (etwa 47.000 Jahre alt) und aus der Tischoferhöhle bei Kufstein in Tirol (etwa 31.000 Jahre alt) verwendet. Die Analyse belegte auch, dass der Höhlenlöwe keinerlei Beziehungen zu Löwen aus der Gegenwart aufweist.

Heute geht man davon aus, dass die eiszeitlichen Löwen des Nordens einen eigenen Rassekreis bilden, dem die Löwen Afrikas und Südasiens gegenüberstehen. Zur so genannten spelaea-Gruppe gehören der Mosbacher Löwe (*Panthera leo fossilis*), der Europäische Höhlenlöwe (*Panthera leo spelaea*), der Beringia-Höhlenlöwe bzw. Ostsibirische Höhlenlöwe (*Panthera leo vereshchagini*) und der Amerikanische Höhlenlöwe bzw. Amerikanische Löwe (*Panthera leo atrox*). Diese beiden Rassekreise sollen

Rekonstruktion des Amerikanischen Höhlenlöwen
(Panthera leo atrox) durch den Künstler
Sergio De la Rosa Martinez aus Toluca in Mexiko

Joseph Leidy (1823–1891)
beschrieb 1853
als Erster wissenschaftlich
den Amerikanischen
Höhlenlöwen
(Panthera leo atrox).
Ihm hatte der Fund
eines Unterkiefers
aus Natchez in Mississippi
vorgelegen.

sich vor etwa 600.000 Jahren auseinander entwickelt haben.

Der Amerikanische Höhlenlöwe wurde bereits 1853 von dem amerikanischen Forscher Joseph Leidy (1823–1891) anhand eines Unterkiefer-Fundes aus Natchez (Missisippi) als Löwe (*Felis atrox*) beschrieben. Dies war die erste wissenschaftliche Beschreibung des Amerikanischen Höhlenlöwen, der in der Folgezeit von anderen Autoren unter verschiedenen wissenschaftlichen Namen beschrieben wurde. Zeitweise verkannte man ihn sogar als Riesenjaguar. Heute noch wird diskutiert, ob der Amerikanische Höhlenlöwe eine Unterart (*Panthera leo atrox*) oder eine Art (*Panthera atrox*) ist. Der Amerikanische Höhlenlöwe lebte im Eiszeitalter vor etwa 100.000 bis 10.000 Jahren in Nord- und Südamerika.

Der Ostsibirische Höhlenlöwe bzw. Beringia-Höhlenlöwe (*Panthera leo vereshchagini*) wurde erst 2001 von den russischen Forschern Gennady F. Baryshnikov und Gennady Boeskorov erstmals wissenschaftlich beschrieben und somit der Fachwelt bekannt. Baryshnikov leitet das „Faunas Department" am „Zoological Institute of Russian Academy of Sciences" in St. Petersburg und ist Spezalist für Säugetiere aus dem Quartär (etwa 2,6 Millionen Jahre bis heute). Boeskorov wirkt am „Mammoth Museum of the Institute of Applied Ecology of the Academy of Sciences of The Sakha Republic (Yakutia)" in Jakutsk. Der Ostsibirische Höhlenlöwe existierte im Eiszeitalter vor etwa 40.000 bis 10.000 Jahren in Nordostasien und auf Beringia.

41

Gennady F. Baryshnikov   *Gennady Boeskorov*

Der Ostsibirische Höhlenlöwe oder Beringia-Höhlenlöwe
(Panthera leo vereshchagini) ist nach dem
russischen Paläontologen Nikolai K. Vereshchagin (mit Stock)
aus St. Petersburg benannt.

Der Wortteil Beringia im Begriff Beringia-Höhlenlöwe erinnert an eine Landbrücke im Eiszeitalter zwischen Sibirien (Russland) und Alaska (USA). Mit dem Artnamen *vereshchagini* wird der russische Wissenschaftler Nikolai K.Vereshchagin, der sich um die Erforschung fossiler Raubkatzen verdient gemacht hat, geehrt. Vereshchagin wirkte am „Zoological Institute of Russian Academy of Sciences" in St. Petersburg.

Eigentlich tragen die Höhlenlöwen einen falschen Namen. Diesen verdanken sie dem Umstand, dass ihre Knochenreste häufig in Höhlen entdeckt wurden. In Wirklichkeit waren diese Löwen aber Tiere der Steppe, der Busch- und Waldtundra und in Gebieten mit Höhlen genauso verbreitet wie in Landschaften ohne Höhlen.

Anders als Höhlenbären und Höhlenhyänen haben Höhlenlöwen vermutlich nur selten Höhlen als Versteck aufgesucht. Wahrscheinlich kamen vor allem geschwächte, kranke oder alte Höhlenlöwen in solche natürlichen Unterschlüpfe und suchten dort Schutz oder einen ruhigen Platz zum Sterben. Womöglich dienten Höhlen auch als Unterschlupf für Löwinnen, die dort ihren Nachwuchs zur Welt brachten und in der ersten Zeit aufzogen. Teilweise sind Höhlenlöwen wohl durch Höhlenhyänen, denen sie zum Opfer gefallen waren, in Höhlen verschleppt worden.

Sogar in hochgelegenen alpinen Höhlen von Italien, Österreich und der Schweiz hat man Reste von Höhlenlöwen entdeckt. An erster Stelle ist hier die in etwa 2800

Meter Höhe liegende Conturineshöhle in Südtirol
(Italien) zu nennen.

Fundorte des Europäischen Höhlenlöwen

Baden-Württemberg
Aufhausener Höhle bei Geislingen an der Steige
(Kreis Aalen) auf der Schwäbischen Alb
Bärenhöhle bei Sonnenbühl-Erpfingen (Kreis
Reutlingen) auf der Schwäbischen Alb
Bocksteinschmiede im Lonetal bei Rammingen
(Alb-Donau-Kreis)
Brühl (Rhein-Neckar-Kreis)
Göpfelsteinhöhle bei Veringenstadt (Kreis
Sigmaringen)
Große Grotte im Blautal bei Blaubeuren
(Alb-Donau-Kreis)
Gutenberg-Höhle bei Lenningen im Ortsteil Guten-
berg (Kreis Esslingen) auf der Schwäbischen Alb
Heitersheim (Kreis Breisgau-Hochschwarzwald)
Hohlenstein-Stadel im Lonetal bei Asselfingen
(Alb-Donau-Kreis)
Huttenheim, ein Stadtteil von Philippsburg im Kreis
Karlsruhe
Kogelstein bei Blaubeuren (Alb-Donau-Kreis)
Steinheim an der Murr (Kreis Ludwigsburg)
Stuttgart-Bad Cannstatt
Stuttgart-Untertürkheim
Stuttgart-Zuffenhausen

Sibyllenhöhle (auch Sibyllenloch) auf der Teck (Kreis Esslingen):

Bayern
Bärenhöhle bei Neukirchen-Lockenricht (Kreis Amberg-Sulzbach) nahe Sulzbach-Rosenberg in der Oberpfalz
Breitenfurter Höhle (auch Pulverhöhle oder Gampelberghöhle genannt) in Breitenfurt (Kreis Eichstätt) in Oberbayern,
Breitenwinner Höhle bei Velburg (Kreis Neumarkt) in der Oberpfalz
Buchberghöhle bei Münster (Kreis Straubing-Bogen) nördlich von Straubing in Niederbayern
Fuchsenloch bei Siegmannsbrunn (Kreis Bayreuth) unweit von Pottenstein in Oberfranken
Geisloch bei Oberfellendorf im Markt Wiesenttal-Muggendorf (Kreis Forchheim) in Oberfranken
Gentner-Höhle von Weidelwang bei Pegnitz (Kreis Bayreuth) in Oberfranken
Goldberg bei Nördlingen (Kreis Donau-Ries) in Schwaben
Große Ofnet bei Nördlingen-Holheim (Kreis Donau-Ries) in Schwaben
Großes Hasenloch im Oberen Püttlachtal bei Pottenstein (Kreis Bayreuth) in Oberfranken
Großes Schulerloch (Kreis Kelheim) in Niederbayern
Höhle am Gerlesberg bei Donauwörth (Kreis Donau-Ries) in Schwaben

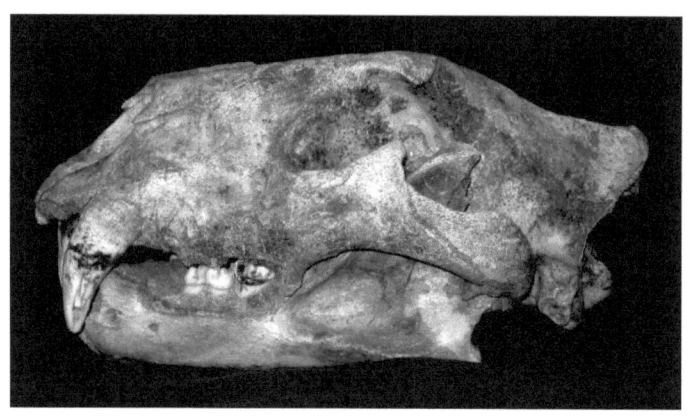

Schädelfund eines Höhlenlöwen aus der Gentnerhöhle von Weidelwang bei Pegnitz in Oberfranken aus dem Jahre 1932. Länge: 33 Zentimeter. Original im Geozentrum Nordbayern, Fachgruppe PaläoUmwelt, Erlangen (früher Institut für Paläontologie der Universität Erlangen-Nürnberg)

Rekonstruktion des 1975 bei Siegsdorf (Kreis Traunstein) in Oberbayern entdeckten Höhlenlöwen im Naturkunde- und Mammut-Museum Siegsdorf

Höhle in der Waldabteilung Hochgereut bei Kelheim (Kreis Kelheim) in Niederbayern
Hohler Fels bei Happurg (Kreis Nürnberger Land) in Mittelfranken
Kemnathenhöhle bei Kemathen (Kreis Eichstätt) im Altmühltal in Oberbayern
Kirchenweghöhle oder Krämershöhle bei Oberfellendorf (Kreis Forchheim) in Oberfranken
Langental im Markt Wiesenttal (Kreis Forchheim) in Oberfranken
Moggaster Höhle in Ebermannstadt (Kreis Forchheim) in Oberfranken
Höhle im Steinbruch Lobsing bei Neustadt/Donau (Kreis Kelheim) in Niederbayern
Petershöhle bei Velden im Viehtriftberg (Kreis Nürnberger Land) in Mittelfranken
Räuberhöhle (auch Waltenhofer Höhle) am Schelmengraben bei Waltenhofen unweit von Sinzing (Kreis Kelheim) in Niederbayern
St. Wolfgangshöhle bei Velburg (Kreis Neumarkt) in der Oberpfalz
Siegsdorf (Kreis Traunstein) im Chiemgau in Oberbayern
Sophienhöhle bzw. Klausteinhöhlen-Komplex im Ailsbachtal bei der Gemeinde Ahorntal (Kreis Bayreuth) nahe Burg Rabenstein unweit von Waischenfeld in der Fränkischen Schweiz in Oberfranken

*Schnitt durch die
knochenreichen Schichten
der Zoolithenhöhle von Burggaillenreuth
bei Muggendorf
in der Fränkischen Schweiz (Oberfranken)
in Bayern.
Diese Zeichnung wurde 1823
in einer Publikation des
englischen Paläontologen
William Buckland (1874–1856)
veröffentlicht.*

48

Steinberg-Höhlenruine oberhalb des Weilers Hunas
bei Hartmannshof (Kreis Nürnberger Land) in
Mittelfranken
Weinberghöhlen im Wellheimer Tal (Urdonautal) bei
Mauern (Kreis Neuburg-Schrobenhausen) in
Oberbayern
Zoolithen-Höhle oder Gaillenreuther Höhle im
Wiesenttal von Burggaillenreuth bei Muggendorf
(Kreis Forchheim) in der Fränkischen Schweiz
(Oberfranken)

Rheinland-Pfalz
Roxheim nördlich Frankenthal (Rhein-Pfalz-Kreis)
Schweinskopf-Karmelenberg im Brohltal (Kreis
Ahrweiler) nördlich des Laacher Sees
in der Osteifel
Wallertheim (Kreis Alzey-Worms) in Rheinhessen

Hessen
Breitscheid-Erdbach (Lahn-Dill-Kreis)
im Westerwald
Hessenaue (Kreis Groß-Gerau) bei Darmstadt
Rheinschotter in Hessen
Riedstadt-Erfelden (Kreis Groß-Gerau)
Villmar (Kreis Limburg-Weilburg)
Wiesbaden (Wiesbaden-Schierstein, Biebricher Allee,
Mosbach-Sande)
Wildscheuerhöhle bei Runkel-Steeden (Kreis
Limburg-Weilburg)

Nordrhein-Westfalen
Balver Höhle im Hönnetal bei Balve (Märkischer Kreis)
Bilsteinhöhle bei Warstein (Kreis Soest) im Sauerland
Bocholter Aa, Nebenfluss der Oude IJsseel
Bottrop (Rhein-Herne-Kanal)
Bottrop-Welheim (Fährte eines Höhlenlöwen)
Dorsten (Kreis Recklinghausen)
Essen-Vogelheim
Frettertalhöhle bei Finnentrop (Kreis Olpe) im Sauerland
Haltern (Kreis Recklinghausen)
Heinrichshöhle im Stadtteil Sundwig von Hemer (Märkischer Kreis) im Sauerland
Herne-Wanne (zeitweilig ein Teil von Wanne-Eickel)
Herten (Kreis Recklinghausen)
Kamp-Lintfort (Kreis Wesel)
Kempen (Kreis Viersen)
Kepplerhöhle im Hönnetal bei Balve (Märkischer Kreis) im Sauerland
Martinshöhle in Iserlohn-Oestrich (Märkischer Kreis)
Mönkes-Höhle bei Balve (Märkischer Kreis)
Petershagen (Kreis Minden-Lübbecke) bei Minden
Roesenbecker Höhle bei Brilon (Hochsauerlandkreis)
Warstein (Kreis Soest)
Weiße Kuhle bei Marsberg (Hochsauerlandkreis)
Wilhelmshöhle im Biggetal in Heggen, Gemeinde Finnentrop (Kreis Olpe), im Sauerland

Niedersachsen
Einhornhöhle bei Herzberg-Scharzfeld (Kreis
Osterode) im Harz
Freden an der Leine
Osterode am Harz, Gipsbruch „Niedersachsenwerk"
Salzgitter-Lebenstedt
Thiede (Kreis Wolfenbüttel):

Hamburg
Hamburg-Harburg

Thüringen
Bad Köstritz (Kreis Greitz)
Burgtonna (Kreis Gotha)
Ilsenhöhle unterhalb der Burg Ranis (Saale-Orla-
Kreis)
Kahla im Saaletal (Saale-Holzland-Kreis)
Lindenthaler Hyänenhöhle in Gera
Saalfeld, Roter Berg (Kreis Saalfeld-Rudolstadt)
Weimar-Ehringsdorf
Weimar-Taubach

Sachsen-Anhalt
Baumannshöhle am linken Ufer des Flusses Bode bei
Rübeland (Kreis Harz)
Freyburg an der Unstrut (Burgenlandkreis)
Gröbern (Kreis Gräfenhainichen)
Hermannshöhle nahe des Flusses Bode bei Rübeland
(Kreis Harz)

Königsaue (Salzlandkreis)
Körbisdorf im Geiseltal (Saalekreis) bei Merseburg
Mücheln im Geiseltal (Saalekreis) bei Merseburg
Neumark-Nord im Geiseltal (Saalekreis) bei
Frankleben nahe Merseburg
Westeregeln (Salzlandkreis) bei Magdeburg
Zeunickenberg bzw. Seveckenberg bei Quedlinburg

Sachsen
Leipzig-Lindenthal
Wiedemar-Rabutz (Kreis Nordsachsen)

Berlin
Berlin (Alexanderplatz)

Brandenburg
Niederlehme bei Königs Wusterhausen (Kreis
Dahme-Spreewald)
Schönfeld (Kreis Spree-Neiße) bei Cottbus
Werder-Phoeben/Havel (Kreis Potsdam-Mittelmark)

*Lebensbild eines eiszeitlichen Jaguars
(Panthera onca augusta) aus Nordamerika.
Zeichnung von Shuhei Tamura*

Budapester Paläontologe
Miklós Kretzoi (1907–2005)

Der Europäische Jaguar

Der Jaguar war im Eiszeitalter viele 100.000 Jahre lang die einzige in Europa heimische Pantherkatze. Nach den Fossilfunden zu schließen, existierten zeitlich aufeinanderfolgend der Toskanische Jaguar (*Panthera onca toscana*) und der Europäische Jaguar (*Panthera onca gombaszoegensis*).

Den Toskanischen Jaguar (früher irrtümlich auch Toskana-Löwe genannt) hat 1949 der Basler Lehrer und Paläontologe Samuel Schaub (1882–1962) nach einem Fund aus der Toskana (Italien) beschrieben. Der Europäische Jaguar wurde bereits 1938 von dem Budapester Paläontologen Miklós Kretzoi (1907–2005) nach einem Fund vom slowakischen Fundort Gombasek (Gombaszök) beschrieben.

In der Fachwelt wird darüber diskutiert, dass es sich beim Toskanischen Jaguar und beim Europäischen Jaguar um ein und dieselbe Form handeln könnte. Wenn dies zuträfe, gilt für beide Formen der wissenschaftliche Name *Panthera onca gombaszoegensis*. Manche Autoren betrachten diese beiden Jaguare – statt als Unterarten – als Arten und nennen sie deswegen *Panthera toscana* und *Panthera gombaszoegensis*.

Der Toskanische Jaguar kam im Eiszeitalter vor mehr als 1,6 Millionen Jahren in Italien (Olivola) vor. In den Niederlanden (Tegelen) existierte er ebenfalls zu dieser Zeit. Ähnlich alt könnten Reste des Toskanischen Jaguars

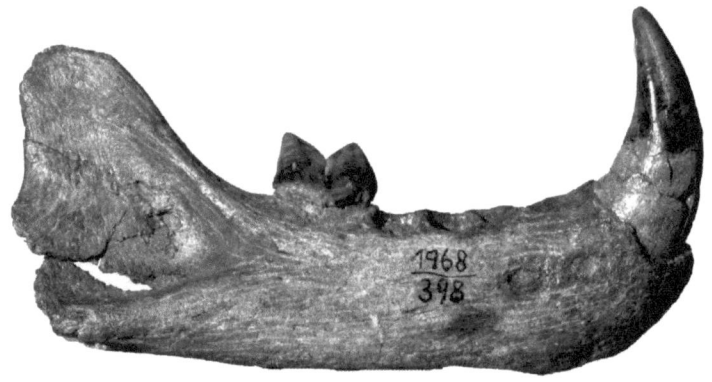

Funde des Europäischen Jaguars (Panthera onca
gombaszoegensis) aus den Mosbach-Sanden: Unterkiefer
von 1968 aus dem Naturhistorischen Museum Mainz /
Landessammlung für Naturkunde Rheinland-Pfalz (oben)
und Unterkiefer von 1998 aus dem
Landesamt für Denkmalpflege Hessen in Wiesbaden.

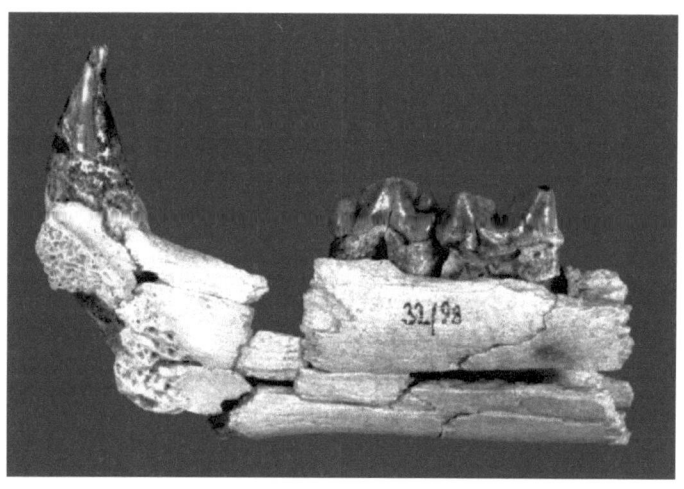

vom Eingang der Bärenhöhle bei Sonnenbühl-Erpfingen in Baden-Württemberg sein.

In Thüringen (bei Untermaßfeld nahe Meiningen) lebte der Europäische Jaguar – nach Gebissresten zu schließen – vor ungefähr einer Million Jahren. Aus der Gegend von Rotterdam (Maasvlakte) kennt man einen etwa 800.000 bis 900.000 Jahre alten Oberkieferrest des Europäischen Jaguars. Ähnlich alt ist der Oberkieferrest eines Europäischen Jaguars aus Georgien (Akhalkalaki).

Erst vor rund 700.000 Jahren bekam der Jaguar in Europa Konkurrenz durch den Löwen und fast zur selben Zeit durch den Leoparden. In Hessen (Mosbach-Sande von Wiesbaden), Neuleiningen bei Grünstadt (Rheinland-Pfalz), Thüringen (Weimar-Süßenborn) und Bayern (Rabenstein bei Waischenfeld, Würzburg-Schalksberg) existierte der Europäische Jaguar vor etwa 600.000 Jahren. Ein ähnlich alter Jaguarrest wird von Alain Argant, Jacqueline Argant, Marcel Jeannet und Margarita Erbajeva aus Hundsheim in Niederösterreich erwähnt.

Auffallenderweise sind in Mosbach viele Reste von Löwen, aber wenige von Jaguaren gefunden wurden.

Im Sommer 1913 entdeckte der Mainzer Paläontologe Otto Schmidtgen (1879–1938) in den Mosbach-Sanden von Wiesbaden ein rechtes Unterkieferbruchstück mit einem gut erhaltenen Backenzahn von einer Raubkatze. Dabei handelte es sich – wie man heute weiß – um den ersten Fund von einem Europäischen Jaguar (*Panthera onca gombaszoegensis*) in Mosbach. Otto Schmidtgen deutete das Mosbacher Bruchstück zunächst, obwohl

Die Paläontologin Gerda Schütt (1931–2007) machte sich um die Erforschung von Raubtieren aus dem Eiszeitalter verdient. Für die Mosbach-Sande von Wiesbaden zum Beispiel führte sie Erstnachweise für die Säbelzahnkatze, den Gepard – und zusammen mit Helmut Hemmer – für den Europäischen Jaguar.

Helmut Hemmer   Otto Schmidtgen

es ihm dafür eigentlich etwas zu klein erschien, als Rest eines Löwen. Bei späteren Vergleichen gelangte er aber zu der Überzeugung, dass es sich um einen „Panther" handeln müsse, der bis dahin noch nicht aus Mosbach bekannt war. Weil der Backenzahn des Mosbacher „Panthers" merklich abgekaut war, musste es sich um ein altes Tier handeln. Der bemerkenswerte Fund wurde im Naturhistorischen Museum Mainz aufbewahrt.

1968 glückte in den Mosbach-Sanden von Wiesbaden der zweite Nachweis des Europäischen Jaguars. Dabei handelte es sich um einen Unterkieferrest, den 1969 der Zoologe Helmut Hemmer und die Paläontologin Gerda Schütt (1931–2007) identifizierten. Die Gesamtlänge des nicht ganz vollständigen Unterkiefers dürfte etwa 16,5 bis 17 Zentimeter betragen haben. Dieses Maß entspricht den Extremwerten heutiger afrikanischer Leoparden (*Panthera pardus*). Es erreicht aber nicht die Variationsbreite kleiner Löwinnen, die bei etwa 19 Zentimetern beginnt. Der Eckzahn (Fangzahn) des im Naturhistorischen Museum Mainz aufbewahrten Jaguar-Unterkiefers aus Mosbach ragt etwa 3,5 Zentimeter aus dem Knochen.

Am 24. April 1998 gelang Anne Sander bei einer von der Abteilung Archäologische und Paläontologische Denkmalpflege des Landesamtes für Denkmalpflege Hessen veranlassten Kontrollbegehung des Tagebaus Ostfeld in Wiesbaden der dritte Nachweis eines Europäischen Jaguars in den Mosbach-Sanden.

Frau Sander entdeckte Fragmente des rechten Unterkieferastes von einem vermutlich weiblichen Jaguar. In der Folgezeit barg sie zusammen mit dem Paläontologen

Paläontologe Thomas Keller (oben) neben einem in Fundlage eingegipsten Fossil in den Mosbach-Sanden von Wiesbaden. Blick auf die Mosbach-Sande im Jahre 2008 (unten)

Thomas Keller weitere Kiefer- und Zahnfragmente, bis am 18. Juni 1998 insgesamt 54 Bruchstücke des Unterkiefers vorlagen. Im Juli 2001 wurde der Fund dem Mainzer Zoologen Helmut Hemmer zur Bestimmung übergeben. Erfahrene Präparatoren der Forschungsstation für Quartärpaläontologie der Senckenbergischen Naturforschenden Gesellschaft, Weimar fügten die Bruchstücke zu einem 10,8 Zentimeter langen Unterkieferfragment zusammen. Der komplette Unterkiefer dürfte schätzungsweise 18 Zentimeter lang gewesen sein. Von den erhaltenen vier Zähnen konnten nur drei in Position eingefügt werden, weil für den vorderen Vorbackenzahn ein Halt gebendes Knochenstück fehlte. Das Lebendgewicht dieses Jaguars wird auf bis zu 140 Kilogramm geschätzt. Die Mosbacher Jaguarfunde gehören zu den geologisch jüngsten dieser Raubkatze, die schon vor etwa 1,5 Millionen Jahren im Eiszeitalter in Europa vorkam. Vielleicht war der Europäische Jaguar wie der heutige Jaguar „eng ans Wasser" gebunden und bevorzugte ebenfalls Wald- und Buschgebiete.

Löwe und Jaguar kamen auch in Westbury-sub-Mendip (England), Château (Frankreich), Vértesszölös (Ungarn) und Petralona (Griechenland) zusammen in der gleichen Schicht vor.

Panthera onca gombaszoegensis dürfte spätestens in der Mindel-Eiszeit (etwa 480.000 bis 330.000 Jahre) ausgestorben sein. Sein Verschwinden ist wohl durch die Kälte und die Konkurrenz durch Löwen bewirkt worden. Früher hat man den Europäischen Jaguar unter zahlreichen Artnamen beschrieben.

Lebensbild der Säbelzahnkatze
Homotherium crenatidens.
Zeichnung von Shuhei Tamura

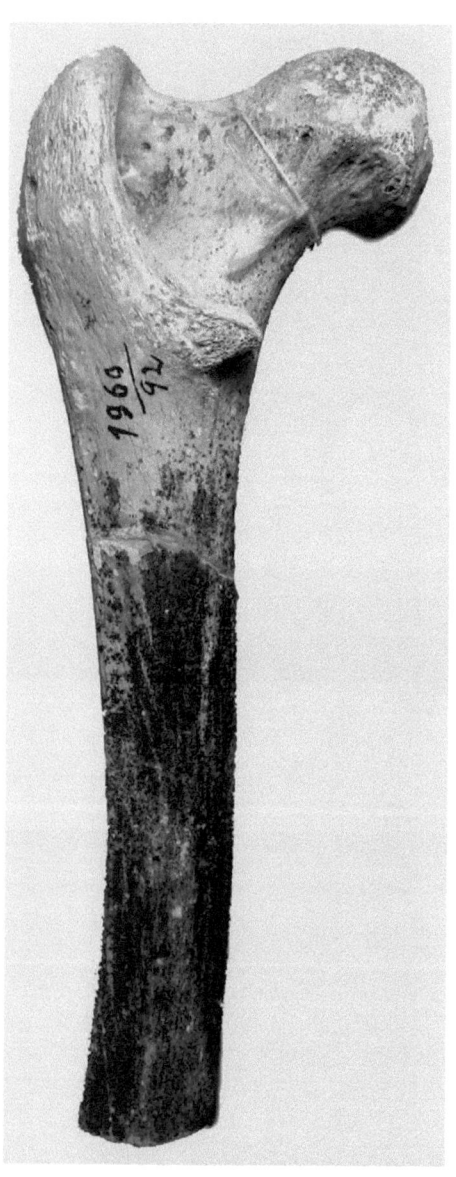

Fund aus dem Jahr 1960:
Oberschenkelknochen
der Säbelzahnkatze
Homotherium crenatidens
aus den etwa 600.000 Jahre
alten Mosbach-Sanden
von Wiesbaden.
Länge: 20,5 Zentimeter.
Originalfund
(Inventarnummer MNHM
PW 1960/92)
im Naturhistorischen
Museum Mainz
In den Mosbach-Sanden
wurden 1950 auch ein
Oberarmbeinfragment und
1963 ein Mittelhandknochen
der Säbelzahnkatze
Homotherium entdeckt.
Auch diese Funde liegen
im Naturhistorischen Museum
Mainz.

Die Säbelzahnkatze

Die Säbelzahnkatze *Homotherium* existierte in Afrika bereits im frühen Pliozän vor etwa 5 Millionen Jahren. Bis zum Eiszeitalter (Pleistozän) lebte sie außer in Afrika auch in Europa und in Nordamerika. Die letzten Funde aus dem „Schwarzen Erdteil" sind etwa 1,5 Millionen Jahre alt. Die Säbelzahnkatzen-Gattung *Homotherium* wurde 1890 von dem italienischen Naturforscher Emilio Fabrini erstmals beschrieben (griechisch: homos = gleich, ähnlich, therion = wildes Tier). Rund eine Million Jahre alt sind die Fossilien der Säbelzahnkatze *Homotherium crenatidens* aus einem eiszeitlichen Leichenfeld bei Untermaßfeld nahe Meiningen in Thüringen. Zeitgenossen von ihr waren die Dolchzahnkatze *Megantereon cultridens adroveri* und der Gepard *Acinonyx pardinensis pleistocaenicus.*.

Säbelzahnkatzen-Fossilien von *Homotherium crenatidens* aus den Mosbach-Sanden von Wiesbaden und den Mauerer Sanden von Mauer bei Heidelberg sind rund 600.000 Jahre alt. In den Mosbach-Sanden fand man ein Oberarmbeinfragment, einen Oberschenkelknochen und einen Mittelhandknochen, in den Mauerer Sanden einen Eckzahn des Oberkiefers, drei Mittelhandknochen, neun post-craniale Skelettelemente und einen Zahn von *Homotherium crenatidens*. Aus Weimar-Süßenborn liegt ein vorderer Backenzahn des linken Ober-

65

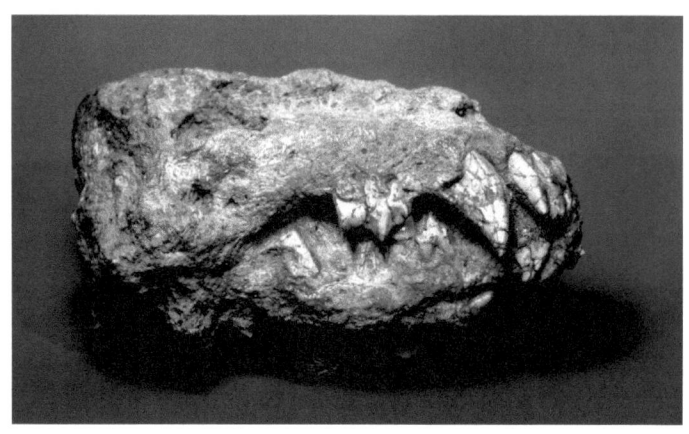

Schädel eines Jungtieres (oben) und Unterkiefer eines erwachsenen Tieres (unten) der Säbelzahnkatze Homotherium crenatidens aus der Spaltenfüllung 11 im Kalksteinbruch bei Neuleiningen nahe Grünstadt in Rheinland-Pfalz. Originale im Pfalzmuseum für Naturkunde, Bad Dürkheim, und in der Sammlung von Ulrich H. J. Heidtke, Niederkirchen (Pfalz)

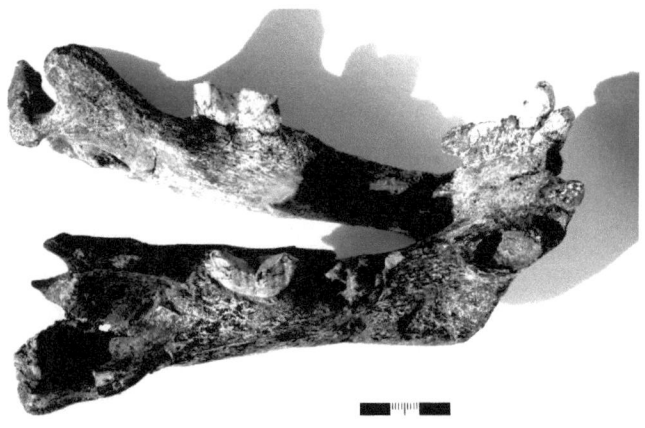

kieferastes von *Homotherium* sp. vor, der etwas mehr als 600.000 Jahre alt ist.

Ein Alter von etwa 500.000 Jahren haben der Schädel eines Jungtieres und der Unterkiefer eines erwachsenen Tieres der Säbelzahnkatze *Homotherium crenatidens*, die in der Spaltenfüllung 11 im Kalksteinbruch bei Neuleiningen nahe Grünstadt in Rheinland-Pfalz entdeckt wurden. Dort kamen auch einige Zähne von *Homotherium crenatidens* zum Vorschein.

Originalfunde von Säbelzahnkatzen aus Deutschland werden in der Forschungsstation für Quartärpaläontologie Weimar, im Naturhistorischen Museum Mainz, im Urgeschichtlichen Museum von Mauer, im Pfalzmuseum für Naturkunde in Bad-Dürkheim und in der Sammlung Ulrich H. J. Heidtke, Niederkirchen (Pfalz), aufbewahrt.

Auch in Niederösterreich hat man Reste der Säbelzahnkatze *Homotherium* geborgen. Aus einer Spaltenfüllung bei Hundsheim ist die Art *Homotherium moravicum* bekannt und aus Deutsch-Altenburg 1 die Art *Homotherium sainzelli*.

Lange glaubte man, die Gattung *Homotherium* sei in Europa bereits im Eiszeitalter vor etwa 500.000 oder 300.000 Jahren ausgestorben. Doch im März 2000 wurde in der Nordsee, die im Eiszeitalter zeitweise Festland („Nordseeland") gewesen war, ein nur ca. 28.000 Jahre alter Unterkieferast der Säbelzahnkatze *Homotherium latidens* entdeckt. Dieses südwestlich der Braunen Bank aufgefischte Fossil gilt als jüngster Fund einer Säbel-

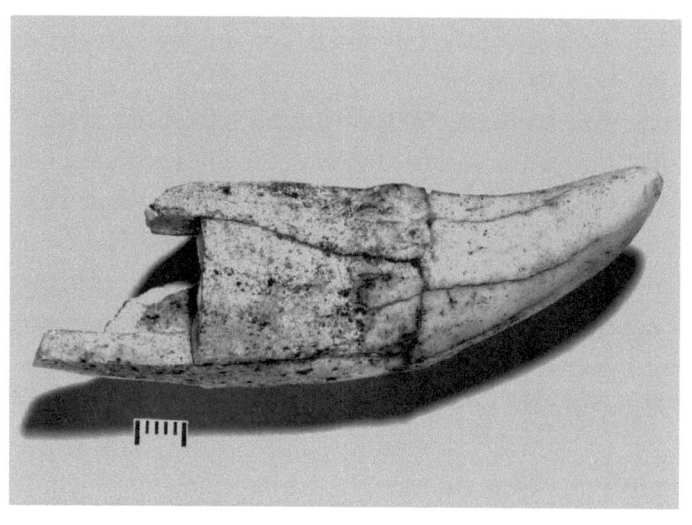

Eckzahn (Caninus)
der Säbelzahnkatze
Homotherium crenatidens
aus der Spaltenfüllung 11
im Kalksteinbruch
bei Neuleiningen
nahe Grünstadt
in Rheinland-Pfalz.
Dieser Zahn stammt
aus dem Eiszeitalter
vor etwa 500.000 Jahren.
Original in der Sammlung
von Ulrich H. J. Heidtke
(Foto rechts),
Niederkirchen (Pfalz)
Maßstab auf dem Foto:
5 Millimeter.

68

zahnkatze in Europa und Asien. Im August 2008 holte ein niederländischer Fischkutter vor der Küste Ostenglands ein mehr als 850.000 Jahre altes Oberarmknochen-Fragment vom linken Vorderbein einer männlichen Säbelzahnkatze der Art *Homotherium crenatidens* vom Nordseegrund. Dieses Fossil ist der erste Fund dieser Säbelzahnkatze aus Nordwest-Europa.

Früher hat man *Homotherium* als Säbelzahntiger bezeichnet. Heute rechnen viele Paläontologen diese Gattung den Säbelzahnkatzen zu. Nicht nur auf Gegenliebe stößt die Aufsplitterung in Säbelzahnkatzen (englisch: saber-toothed cats, scimitar-toothed cats oder scimitar cats) und Dolchzahnkatzen (englisch: dirktoothed cats). Säbelzahnkatzen heißen – dieser Einteilung zufolge – nur schlanke Gattungen wie *Machairodus* und *Homotherium* mit verhältnismäßig langen Beinen sowie kürzeren, breiteren, stark gebogenen, krummsäbelartigen Eckzähnen. Dolchzahnkatzen wie die Gattungen *Megantereon* und *Smilodon* dagegen waren eher robust gebaut, besaßen kurze und kräftige Beine, einen gestreckten Körper und trugen längere und schmalere Eckzähne.

Die Säbelzahnkatze *Homotherium* besaß insgesamt 28 Zähne. Davon befanden sich 14 im Oberkiefer und 14 im Unterkiefer. Der linke und der rechte Ast im Oberkiefer sowie der linke und der rechte Ast im Unterkiefer verfügten über jeweils sieben Zähne. Nämlich (von vorne nach hinten gesehen) jeweils drei Schneidezähne (Incisiven), einen Eckzahn (Caninus), zwei Vorderbackenzähne (Prämolaren P3 und P4) und

Modell der Säbelzahnkatze Homotherium latidens
aus dem Eiszeitalter, angefertigt von dem niederländischen
Bildhauer Remy Bakker aus Rotterdam

einen Backenzahn (Molar). Der Backenzahn (M1) im Oberkiefer ist sehr klein, weshalb er oft in der Zahnformel nicht erwähnt wird, aber anatomisch betrachtet ist es ein Molar.

Die Eckzähne von *Homotherium* sind stark gebogen, breit und sehr flach. An den Schnittflächen haben sie eine feine Zähnelung. Auch die Schnittflächen der Schneidezähne und Backenzähne weisen eine Zähnelung auf. Ein Eckzahn einschließlich Wurzel aus dem Oberkiefer von *Homotherium crenatidens* von Unter-maßfeld bei Meiningen ist respektable 15,8 Zentimeter lang. Ähnlich groß ist ein 15,4 Zentimeter langer Eckzahn von *Homotherium sp.* aus Milia bei Grevena (Makedonien) in Griechenland.

Wie Bären und Menschen traten Säbelzahnkatzen mit der ganzen Sohle auf. Demnach war *Homotherium* ein so genannter Sohlengänger. Dagegen treten die meisten Katzen nur mit den Zehen auf und sind deswegen Zehengänger.

Aus Asien und Europa wurden viele Arten von *Homo-therium* – wie *nestianus, sainzelli, moravicum, crenatidens, latidens, nihowanensis, ultimum* – beschrieben. Diese unterscheiden sich vor allem bezüglich der Körpergröße und der Form der Eckzähne voneinander. Wenn man die Schwankungsbreite der Körpergröße heutiger Großkatzen bedenkt, ist es gut möglich, dass all diese Arten zu einer einzigen Spezies gehören. Die Dis-kussionen der Experten über die Gültigkeit, Herkunft, Verbreitung und das zeitliche Vorkommen verschiedener Arten der Gattung *Homotherium* wirken auf Laien sehr verwirrend.

Rekonstruktion der Säbelzahnkatze
Homotherium latidens des niederländischen Bildhauers
Remie Bakker aus Rotterdam

Mauricio Antón   *Alan Turner*

72

Im Eiszeitalter gab es vielleicht zwei Arten der Säbelzahnkatzen-Gattung *Homotherium* in Europa. Die größere und schwerere davon namens *Homotherium crenatidens* hatte eine Schulterhöhe von ca. 1,10 Meter und
eine Gesamtlänge von etwa 1,90 Metern. Männliche
Tiere dieser Art waren merklich größer und schwerer
als die weiblichen. Dies wird als Sexualdimorphismus
bezeichnet.

Männchen von *Homotherium crenatidens* erreichten – nach
Angaben des Mainzer Zoologen Helmut Hemmer –
ein Gewicht bis zu ca. 400 Kilogramm, Weibchen bis
zu etwa 170 Kilogramm. Ein geringeres Gewicht gibt
der britische Experte Alan Turner aus Liverpool an: Er
spricht von etwa 120 bis 250 Kilogramm. Turner hat
1997 zusammen mit dem spanischen Illustrator Mauricio
Antón das exzellente Buch „The big cats and their fossil
relatives" veröffentlicht.

Ein Schädelfund von *Homotherium crenatidens* aus Perrier in der Auvergne (Departement Puy de Dôme) in
Frankreich misst 30,2 Zentimeter Länge. Merklich
kleiner ist ein 23,4 Zentmeter langer *Homotherium*-
Schädel aus Choukutien bei Peking in China.

Homotherium crenatidens lebte vom frühen bis zum
mittleren Eiszeitalter vor schätzungsweise 2,6 Millionen
bis vor etwa 300.000 Jahren in warmen und feuchten
Biotopen. Nach Berechnungen des Mainzer Zoologen
Helmut Hemmer jagte diese große Säbelzahnkatze
erwachsene Nashörner und Flusspferde und vielleicht
auch junge Elefanten.

Die kleinere und leichtere Nachfolgeart *Homotherium
latidens* erreichte ein Gewicht bis zu rund 250 Kilo-

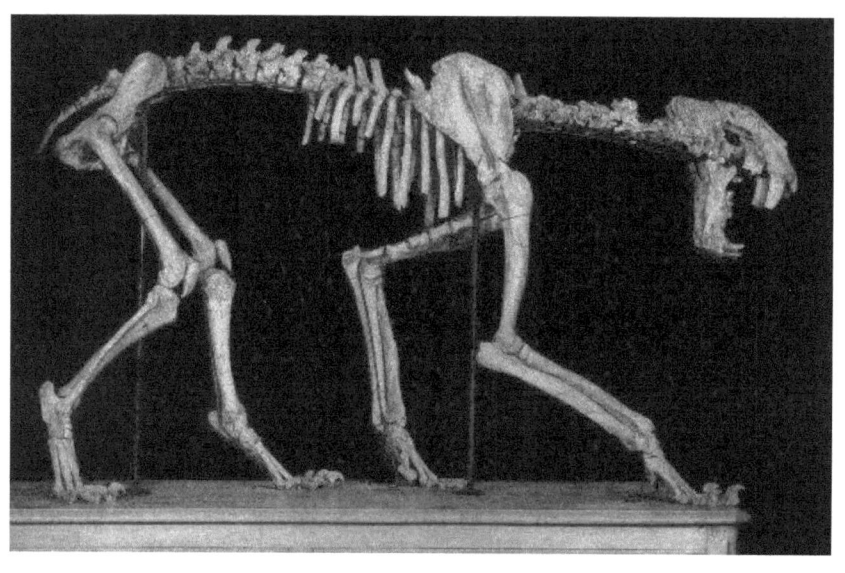

Skelett aus Senèze in der Publikation
„Monographie d'un Machairodus
du gisement Villafranchien de Senèze:
Homotherium crenatidens" (1963)
von Roland Ballesio.
Dabei kommt das typische
hyänenartige Aussehen
von Homotherium mit abfallendem Rücken
nicht zum Ausdruck.

Replik eines Schädels
der Säbelzahnkatze Homotherium crenatidens
aus dem Urzeitshop
mit der Internetadresse www.urzeitshop.de
von Miron Seffzek aus Duvensee.
Maße des Schädels:
36,5 Zentimeter Länge,
16,5 Zentimeter Höhe bei geschlossenem Maul,
13 Zentimeter Breite.

gramm. Sie behauptete sich vom mittleren bis zum späten Eiszeitalter und hatte sich an die kalte und trockene Steppenlandschaft angepasst. Sie konnte – laut Helmut Hemmer – bis zu 2000 Kilogramm schwere Tiere bezwingen.

Lebensbild der Dolchzahnkatze Megantereon.
Zeichnung von Shuhei Tamura

Lebensechtes Modell
der Säbelzahnkatze Megantereon cultridens
auf Basis des Skelettfundes aus Senèze (Frankreich)
im Naturhistorischen Museum Wien.
Das Modell hat eine Schulterhöhe von ca. 70 Zentimetern,
eine Länge von etwa 1,10 Meter
sowie einen rund 20 Zentimeter langen Schwanz.

Die Dolchzahnkatze

In Afrika, Europa, Asien und Nordamerika behauptete sich im Pliozän vor ca. drei Millionen Jahren bis zum Eiszeitalter vor etwa 500.000 Jahren die Dolchzahnkatze *Megantereon*. Die Gattung *Meganteron* wurde 1828 von dem französischen Pfarrer und Amateur-Paläontologen Jean-Baptiste Croizet (1787–1859) aus Neschers und dessen Freund Antoine Claude Gabriel Jobert (genannt der Ältere), der in den 1850-er Jahren starb, erstmals beschrieben.

Die Dolchzahnkatze *Megantereon* erreichte mit einer Schulterhöhe von etwa 70 Zentimetern und einer Kopfrumpflänge bis zu rund 1,20 Meter etwa die Größe eines heutigen Jaguars *(Panthera onca)*. Der Schwanz von *Megantereon* war schätzungsweise 20 Zentimeter lang. Ein Schädelfund von *Megantereon cultridens* aus Senèze bei Brioude in der Auvergne (Frankreich) misst rund 25 Zentimeter Länge.

In älterer Literatur wird *Megantereon* als „Europäische Säbelzahnkatze" bezeichnet, obwohl diese Gattung nicht nur auf Europa beschränkt war und neben ihr noch andere Säbelzahnkatzen bzw. Dolchzahnkatzen auf diesem Erdteil lebten. Fundorte von *Megantereon* gibt es in Südafrika, Ostafrika, Indien, China, Nordamerika, in der Ukraine, Griechenland, Ungarn, Deutschland, Frankreich, Italien und Spanien.

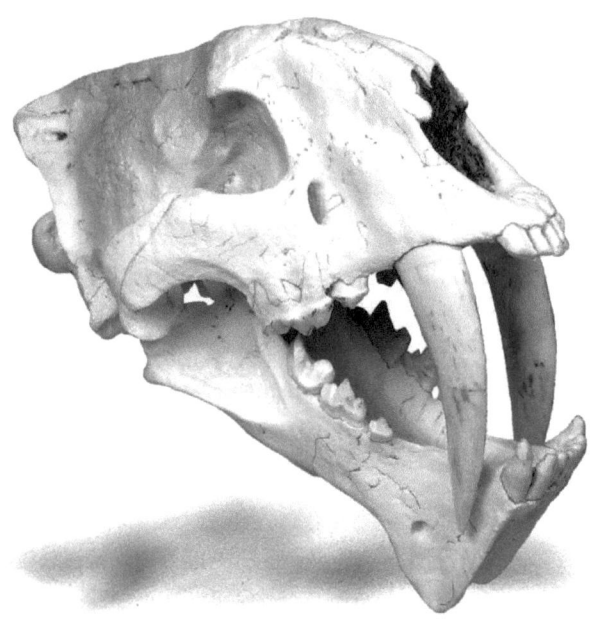

*Replik eines Schädels
der Dolchzahnkatze Megantereon cultridens
aus dem Urzeitshop
mit der Internetadresse www.urzeitshop.de
von Miron Seffzek aus Duvensee.
Maße des Schädels:
28 Zentimeter Länge,
14,5 Zentimeter Höhe
bei geschlossenem Maul,
13 Zentimeter Breite.*

In Nordamerika entwickelte sich vor etwa 2,5 Millionen Jahren aus *Megantereon* die Dolchzahnkatze *Smilodon*. Die jüngsten Funde von *Megantereon* in Afrika haben ein Alter von etwa 1,5 Millionen Jahren. Aus Elandsfontein in Südafrika kennt man Gliedmaßenreste von *Megantereon*. Ein Fund aus Untermaßfeld bei Meiningen in Thüringen belegt, dass *Megantereon* noch im Bavelium vor etwa einer Million Jahren in Mitteleuropa vorkam. Dabei handelt es sich um ein Oberkieferfragment mit Zähnen (Inventarnummer Mei 23560). Dieses Fossil gilt als jüngster Nachweis von *Megantereon* in Europa. Es wurde 2001 von dem Mainzer Zoologen Helmut Hemmer als eine Unterart namens *Megantereon cultridens adroveri* beschrieben. Der Name dieser Unterart bezieht sich auf den spanischen Paläontologen Rafael Adrover. Hemmer gilt in der Fachwelt als „Katzenpapst". Als junger Journalist hat der Autor dieses Taschenbuches den Mainzer Katzenspezialisten als stets hilfsbereiten und kompetenten Interviewpartner kennen und schätzen gelernt.

Anders als Hemmer betrachten spanische Paläontologen die Dolchzahnkatze *Megantereon cultridens adroveri* als afrikanischen Einwanderer und nennen sie *Megantereon whitei*. Der Mainzer Zoologe dagegen tendiert zu einer Neubesiedlung Europas mit asiatischen Dolchzahnkatzen. Welcher Name letztlich gültig sein wird, hängt von der Klärung der Herkunft ab.

In Asien behauptete sich *Megantereon* bis vor etwa 500.000 Jahren. In China kam diese Dolchzahnkatze

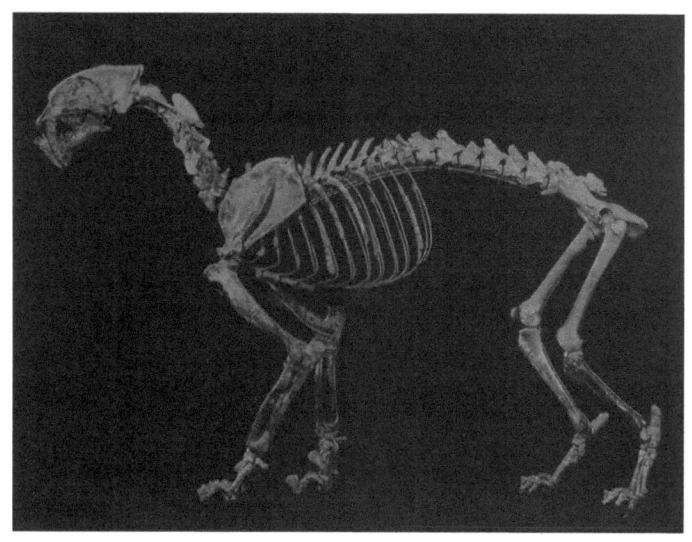

Skelett der Dolchzahnkatze
Megantereon cultridens
aus Senèze bei Brioude
(Departement Haute-Loire)
in der Auvergne (Frankreich).
Schulterhöhe des Skeletts
etwa 70 Zentimeter,
Kopfrumpflänge rund 1,20 Meter.
Der vor 1925 in Senèze
entdeckte Originalfund
(Inventarnummer„SE311")
wird im Naturhistorischen
Museum Basel aufbewahrt.

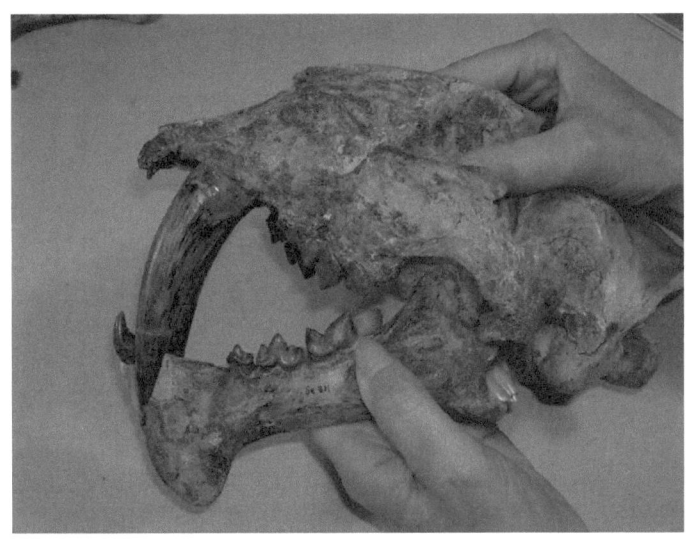

*Schädel mit Unterkiefer und Zähnen
der Dolchzahnkatze
Megantereon cultridens
aus Senèze bei Brioude
(Departement Haute-Loire)
in der Auvergne (Frankreich).
Auffallend sind die langen,
schmalen und seitlich
abgeplatteten oberen Eckzähne.
Länge des Schädels: etwa 25 Zentimeter.
Der Originalfund wird
im Naturhistorischen Museum
Basel aufbewahrt.*

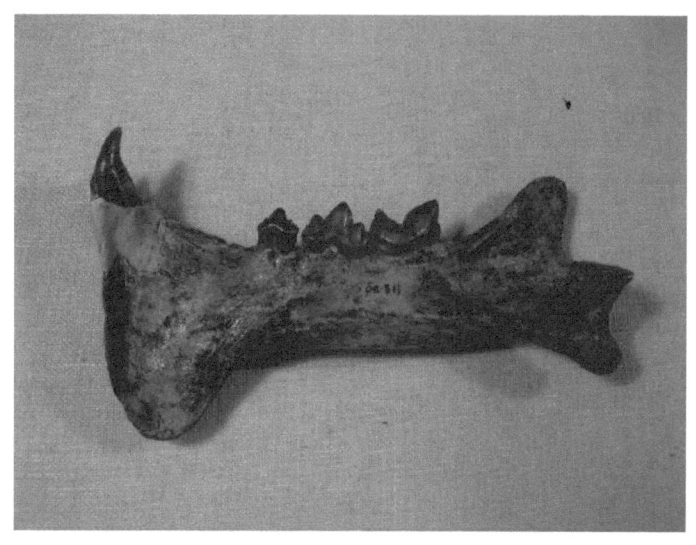

Unterkiefer der Dolchzahnkatze
Megantereon cultridens
aus Senèze bei Brioude
(Departement Haute-Loire)
in der Auvergne (Frankreich).
Der Originalfund wird
im Naturhistorischen Museum
Basel aufbewahrt.

zusammen mit dem Peking-Menschen (*Homo erectus pekinensis*) von Choukutien bei Peking vor, der das Feuer beherrschte und sich als Kannibale betätigte.

Die bis heute entdeckten Fossilien aus Afrika, Asien und Europa scheinen alle von der Art *Megantereon cultridens* zu stammen. Bei den fragmentarisch erhaltenen amerikanischen Funden kann dies allerdings nicht mit letzter Sicherheit gesagt werden.

Basierend auf extremen Größenunterschieden und verschiedenen Merkmalen im Zahnbau unterschiedlicher Regionen und Epochen wurden drei eigenständige Arten vorgeschlagen: *Megantereon cultridens* aus Nordamerika, Asien und dem europäischen Pliozän, *Megantereon whitei* aus Afrika und dem europäischen Unterpleistozän und *Megantereon falconeri* aus Indien. In der Literatur kursieren aber auch noch andere Artnamen. Das im Naturhistorischen Museum Basel aufbewahrte *Megantereon*-Skelett von Senèze (Inventarnummer „SE311") hat eine Schulterhöhe von ca. 70 Zentimetern und eine Kopfrumpflänge von rund 1,20 Meter. Wegen dessen Größe nimmt man an, es könne von einem Männchen stammen. Bei diesem einmaligen Fossil ragen die oberen Eckzähne etwa neun Zentimeter aus dem Kiefer.

Wie die Säbelzahnkatze *Homotherium* hatte auch die Dolchzahnkatze *Megantereon* insgesamt 28 Zähne. Davon saßen 14 im Oberkiefer und 14 im Unterkiefer. *Megantereon* besaß lange, flache, obere Eckzähne, die in der Literatur als Dolchzähne bezeichnet werden. Damit konnte diese Raubkatze die Halsschlagader bzw. Luftröhre von Beutetieren durchtrennen. Die Schneidezähne standen weiter vorne als bei heutigen Katzen, was dem Schädel ein leicht eckiges Ausehen verlieh. Mit den Schneidezähnen vermochte *Megantereon* mehr oder minder große Fleischstücke aus Beutetieren zu reißen, ohne von seinen oberen Eckzähnen behindert zu werden.

Auf einen sehr muskulösen Körper deuten die Skelettknochen von *Megantereon* hin. Seine Vorderbeine waren etwa so lang wie die eines Löwen, obwohl er bei weitem dessen Körpergröße nicht erreichte. Seine kürzeren Hinterbeine bewirkten eine abfallende Rückenlinie wie bei Hyänen.

Megantereon hatte löwengroße Pfoten und trug löwenähnliche Krallen an den Vorderbeinen. Damit konnte diese Raubkatze ihre Beutetiere packen und zu Boden reißen. Der Körperbau von *Megantereon* eignete sich nicht für schnelle Verfolgungsjagden, wie sie zum Beispiel heutige Geparden praktizieren.

Wenn *Megantereon* ein Beutetier angesprungen und einen tödlichen Biss angebracht hatte und sein Opfer sich nicht mehr regte, geschah immer dasselbe: Der erfolgreiche Jäger wandte sich von seinem Opfer ab und knurrte laut. Dies geschah aus Vorsicht vor einem potentiellen Konkurrenten, der ihm seine Beute streitig machen konnte.

Nahrungskonkurrenten von *Megantereon* waren die Säbelzahnkatze *Homotherium*, die anderthalb Mal so groß wie diese gewesen ist, die imposante gepardenartige Hyäne *Chasmaporthetes* (Schulterhöhe etwa 80 Zentimeter) und der stattliche Gepard *Acinonyx* (Schulterhöhe rund 90 Zentimeter). Die Raubkatzen *Megantereon, Homotherium* und *Acinonyx* kamen in Untermaßfeld bei Meiningen in Thüringen gleichzeitig vor.

Zum Beißen dienten die oberen Eckzähne von *Megantereon* wohl kaum, weil sie beim Aufprall auf Knochen leicht gebrochen wären. Die langen Eckzähne wurden im Ruhezustand durch besonders ausgeprägte, lappenartige Zahnscheiden am Unterkiefer geschützt. Die größten Formen der Gattung *Megantereon* existierten in Indien und wogen schätzungsweise etwa 90 bis 150 Kilogramm. Das Durchschnittsgewicht lag wohl bei rund 120 Kilogramm. Als mittelgroß wird *Megantereon* aus dem übrigen Eurasien und dem Pliozän Europas bezeichnet. Die kleinsten Formen stammen aus Nordamerika, Afrika und dem unteren Pleistozän Europas. Ihr Gewicht wird auf etwa 60 bis 70 Kilogramm geschätzt, nach anderen Angaben auf ungefähr 100 bis 160 Kilogramm.

Leopard Panthera pardus.
Zeichnung von Shuhei Tamura

Der Leopard (Panther)

Frühe Leoparden sind in Deutschland durch zwei Funde aus den etwa 600.000 Jahre alten Mauerer Sanden von Mauer bei Heidelberg in Baden-Württemberg belegt. Im Urgeschichtlichen Museum im Rathaus von Mauer liegt der Oberkieferzahn eines Leoparden (*Panthera pardus*). Im Staatlichen Museum für Naturkunde in Karlsruhe befindet sich der Unterkiefer eines Leoparden. Die in den Mauerer Sanden entdeckten Leopardenreste werden der Unterart *Panthera pardus sickenbergi* zugerechnet. Jene Unterart wurde 1969 von der Paläontologin Gerda Schütt beschrieben. Der Name dieser Unterart erinnert an den Hannoveraner Geologen Otto Sickenberg (1901–1974).

Ein ähnlich hohes geologisches Alter wie der Leopard aus Südwestdeutschland hat der Panther, der in einer Spaltenfüllung von Hundsheim bei Deutsch-Altenburg in Österreich nachgewiesen wurde. An dieser berühmten Fundstelle in Niederösterreich kamen auch Fossilien vom Geparden (*Acinonyx intermedius*) und von der Säbelzahnkatze (*Homotherium moravicum*) ans Tageslicht. Wie der Mosbacher Löwe (*Panthera leo fossilis*), der Europäische Höhlenlöwe (*Panthera leo spelaea*), der Ostsibirische Höhlenlöwe bzw. Beringia-Höhlenlöwe (*Panthera leo vereshchagini*) und der Amerikanische Höhlenlöwe (*Panthera leo atrox*) gehört der Leopard (*Panthera pardus*) zur Gattung *Panthera*. Genetischen

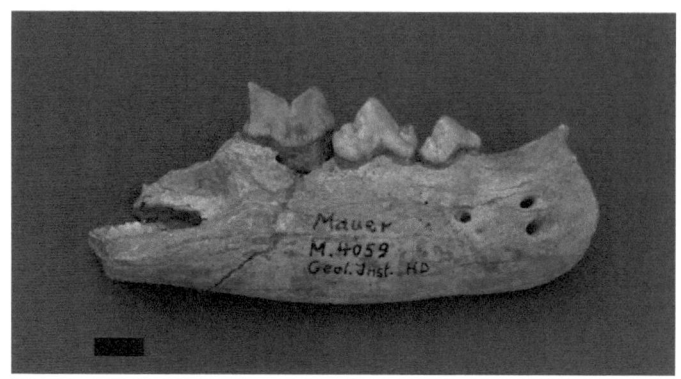

Rechtes Unterkieferfragment mit Zähnen
eines fossilen Leoparden (Panthera pardus sickenbergi)
von Mauer bei Heidelberg.
Maßstab links unten: 1 Zentimeter.
Original im Staatlichen Museum für Naturkunde,
Karlsruhe

Wiener Paläontologe
Gernot Rabeder:
Ihm gelang 2002
der erste Nachweis
eines Leoparden
im Hochgebirge
der Ostalpen.

90

Untersuchungen zufolge sind der Jaguar und der Löwe die nächsten Verwandten des Leoparden. Die Jaguarlinie spaltete sich vor rund 1,9 Millionen Jahren von Löwe und Leopard ab, die sich erst vor etwa 1,25 bis 1 Millionen Jahren voneinander trennten.

In Deutschland und Österreich sind etliche Reste von Leoparden aus dem Oberpleistozän (etwa 125.000 bis 11.700 Jahre) entdeckt worden. Ein Leopardenkiefer von Geinshein in Hessen wird ins Oberpleistozän datiert. Aus der Eem-Warmzeit (etwa 125.000 bis 115.000 Jahre) könnte der in der Petershöhle bei Velden (Bayern) nachgewiesene Leopard stammen. Der norddeutschen Weichsel-Eiszeit bzw. der süddeutschen Würm-Eiszeit (etwa 115.000 bis 11.700 Jahre) werden Reste von Leoparden aus der Zoolithenhöhle von Burggaillenreuth (Bayern), der ehemaligen Höhle „Teufelsbrücke" bei Saalfeld (Thüringen), der Baumannshöhle bei Rübeland (Sachsen-Anhalt) und von Niederlehme (Brandenburg) zugerechnet. Das Fragment eines Oberarmknochens von Niederlehme bei Königs Wusterhausen unweit von Berlin gilt als bisher nördlichster Fund des Leoparden in Mitteleuropa.

2002 gelang dem Wiener Paläontologen Gernot Rabeder der erste Nachweis eines Leoparden im Hochgebirge der Ostalpen. Bei einer Grabung in der Ochsenhalthöhle in etwa 1650 Meter Höhe im Toten Gebirge (Oberösterreich) entdeckte er außer zahlreichen Resten von Höhlenbären den Reißzahn eines Leoparden aus der Würm-Eiszeit vor etwa 35.000 Jahren. Vermutlich hat dieser Leopard von Bäumen aus auf junge oder auf alte und kranke Bären gelauert. Vielleicht ist der Raubkatze ein Besuch in der Ochsenhalthöhle zum Verhängnis geworden, weil sie dort wohnende Höhlenbären zerrissen.

In der Publikation „Pliozäne und pleistozäne Faunen Österreichs. Ein Katalog der wichtigsten Fundstellen und ihrer Faunen" (1997), herausgegeben von Doris Döppes und Gernot Rabeder, werden etliche Leopardenfunde aus Österreich erwähnt:

Hundsheimer Spaltenfüllung bei Hundsheim in der Gegend von Deutsch-Altenburg (Niederösterreich)

Merkensteinhöhle bei Gainfarn im südlichen Wienerwald (Niederösterreich)

Fünffenstergrotte am Kugelstein im mittleren Murtal im Grazer Bergland (Steiermark)

Große Peggauer Wandhöhle bei Peggau im Grazer Bergland (Steiermark)

Repolusthöhle im Badlgraben, einem Seitental des Murtales (Steiermark)

Tropfsteinhöhle am Kugelstein bei Deutschfeistritz (Steiermark)

Heute leben Leoparden nur noch in warmen Zonen von Afrika und Asien. Nach Tiger, Löwe und Jaguar gilt der Leopard als die viertgrößte Großkatze.

Jetzige Leoparden fressen Käfer, Reptilien, Vögel und Säugetiere (meistens mittelgroße Huftiere). Als Jagdmethoden praktizieren sie die Anschleichjagd oder die passive Lauerjagd. Sie können bis zu 60 Stundenkilometer schnell sprinten und mit wenigen Sätzen etliche Meter weit springen, doch schon auf mittleren Distanzen sind ihre meisten Beutetiere schneller.

Heutiger Schnee-Leopard oder Irbis
(Panthera unica oder Unica unica)

Johann Christian von Schreber (1739–1810)
beschrieb 1775 als Erster
wissenschaftlich den Schnee-Leoparden oder Irbis.

Der Schnee-Leopard

Der Schnee-Leopard oder Irbis (*Panthera unica oder Unica unica*) lebte, wie Fossilfunde aus den Siwaliks in Nordpakistan beweisen, schon im Eiszeitalter (Pleistozän) vor etwa 1,4 oder 1,2 Millionen Jahren in Asien. Vorher hatte man nur wenige Fossilfunde aus dem späten Pleistozän gekannt, die aus dem Altai-Gebirge an der Westgrenze der Mongolei stammen.

Offenbar existierte der Schnee-Leopard nur in Asien. Angebliche Funde aus dem Oberpleistozän (etwa 127.000 bis 11.700 Jahre) in Europa stammen vermutlich von Leoparden oder großen Luchsen. In alter Literatur wird beispielsweise ein Schnee-Leoparden-Fund aus der Zoolithenhöhle von Burggaillenreuth bei Muggendorf in Bayern erwähnt. Aus dieser Höhle sind verschiedene Raubkatzen wie Höhlenlöwe, Leopard und Luchs nachgewiesen.

Die erste wissenschaftliche Beschreibung des Schnee-Leoparden erfolgte bereits 1775 durch den Mediziner Johann Christian von Schreber (1739–1810). Wegen ihres dicken Fells wirkt diese Raubkatze sehr massig, ist in Wirklichkeit jedoch kleiner und leichter als ein durchschnittlicher Leopard. Heutige Schnee-Leoparden haben eine Kopfrumpflänge von einem bis zu 1,50 Meter, eine Schulterhöhe um 60 Zentimeter, einen 0,80 bis zu einem Meter langen Schwanz und ein Gewicht zwischen etwa

*Eingang zur Zoolithenhöhle von Burggaillenreuth
bei Muggendorf in der Fränkischen Schweiz (Oberfranken)
in Bayern*

25 und 75 Kilogramm. Männliche Tiere sind mit durchschnittlich 45 bis 55 Kilogramm merklich schwerer als Weibchen mit meistens 35 bis 40 Kilogramm.

Der Schnee-Leopard gilt als kleinste aller Großkatzen. Er trägt einen relativ kleinen Kopf mit kurzer Schnauze und vergrößerten Nasenhöhlen, welche die Aufgabe haben, kalte Atemluft zu erwärmen. Sein dickes, rauchgrau geflecktes, helles Fell schützt ihn vor beißender Kälte und ermöglicht ihm im Fels eine vorzügliche Tarnung. In Ruhelage nutzt diese Raubkatze ihren extrem langen Schwanz als Kälteschutz. Das Tier rollt sich darin ein und schlägt das Ende über seine Nase.

In der Fachliteratur heißt es über den Schnee-Leoparden, er könne sogar Tiere angreifen, die drei Mal so schwer seien wie er selbst. Er sei ein phantastischer Springer und könne Weiten bis zu 15 Metern überwinden, was ein Weltrekord im Tierreich sei. Beim Springen dient der Schwanz als Steuerruder.

Der Schnee-Leopard ist ein Bewohner des Gebirges. Sein Lebensraum befindet sich in Felsgebieten, Gebirgssteppen, Buschland und lichten Nadelwäldern. Die meisten Schnee-Leoparden leben heute in China. Laut Online-Lexikon „Wikipedia" kommen diese stark gefährdeten Raubkatzen außerdem in Afghanistan, Bhutan, Indien, in der Mongolei, Nepal, Pakistan, Russland, Kasachstan, Kirgisistan, Tadschikistan und Usbekistan vor.

Lebensbild des Geparden Acinonyx pardinensis.
Zeichnung von Shuhei Tamura

Zur Tierwelt der Mosbach-Sande von Wiesbaden
im Eiszeitalter vor etwa 600.000 Jahren
gehörte auch der Gepard (Acinonyx pardinensis).
Ausschnitt aus einem Gemälde von Fritz Wendler

Der Gepard

Die ältesten bekannten Gepard-Funde in Deutschland
stammen aus dem Eiszeitalter vor mehr als einer Million
Jahren. Dabei handelt es sich um einen Oberschädel
und um einen fast 37 Zentimeter langen Oberschenkelknochen der Gepard-Unterart *Acinonyx pardinensis
pleistocaenicus*, der vorher nur aus Nordchina
nachgewiesen war. Fundort dieser spektakulären
Fossilien ist ein Leichenfeld bei Untermaßfeld unweit
von Meiningen in Thüringen.

Die fossile Gepard-Art *Acinonyx pardinensis* wurde 1828
von den französischen Paläontologen Abbé Jean-
Baptiste Croizet und Antoine Jobert erstmals wissen-
schaftlich beschrieben. Der Gattungsname *Acinonyx*
kommt aus dem Griechischen und besteht aus den
Wortteilen „akin" (nicht beweglich) und „onyx" (Kralle).
Und der Artname *pardinensis* erinnert an den Fundort in
Nähe des Dorfes Pardines an der Montage de Perrier.

Auch in etwa 600.000 Jahre alten Schichten der
Mosbach-Sande von Wiesbaden (Hessen) ist der Gepard
nachgewiesen. Zeitgenossen von ihm waren der riesige
Mosbacher Löwe *(Panthera leo fossilis)*, der Europäische
Jaguar *(Panthera onca gombaszoegensis)* und die Säbel-
zahnkatze *(Homotherium crenatidens)*.

1969 erwähnte die Paläontologin Gerda Schütt einen
Leoparden-Fund *(Panthera pardus)* aus den Mosbach-

Paläontologe Gustav Heinrich Ralph
von Koenigswald (1902–1982)

Paläontologe Jens Lorenz Franzen

102

Sanden, der in einer Privatsammlung aufbewahrt wurde und zur Publikation durch den Weimarer Paläontologen Hans Dietrich Kahlke vorgesehen war. Nach einem Hinweis von Kahlke wurde dieses Fossil 2002 von dem Paläontologen Jens Lorenz Franzen in der Mosbach-Sammlung der Sektion Paläanthropologie des Forschungsinstitutes Senckenberg in Frankfurt am Main aufgefunden. Es war per Kauf dieser Privatsammlung durch den Paläontologen Gustav Heinrich Ralph von Koenigswald (1902–1982) in das Forschungsinstitut Senckenberg gelangt. Der Mainzer Zoologe Helmut Hemmer identifizierte das rund sechs Zentimeter lange rechte Unterkieferbruchstück mit Resten zweier Zähne 2003 als Gepard. Nach seiner Ansicht stammt es von einem etwa 60 Kilogramm schweren Weibchen.

1970 beschrieb die Paläontologin Gerda Schütt ein in den Mosbach-Sanden entdecktes linkes Oberarmknochenfragment von einem Gepard und ordnete es der Art *Acinonyx pardinensis* zu. Dieser 3,7 Zentimeter lange Fund von 1959 wird im Naturhistorischen Museum Mainz aufbewahrt. Es ist – laut Helmut Hemmer – ein Knochen von einem schätzungsweise rund 60 Kilogramm schweren Weibchen.

Am 10. März 2000 glückte Anne Sander von der Abteilung Archäologische und Paläontologische Denkmalpflege des Landesamtes für Denkmalpflege Hessen in den Mosbach-Sanden von Wiesbaden der Fund eines rechten Oberschenkelknochens von einem Gepard. Von dem ursprünglich rund 31 Zentimeter langen Oberschenkelknochen waren 27,3 Zentimeter erhalten

Weimarer Paläontologe
Ralf-Dietrich Kahlke

Gepard aus dem Eiszeitalter.
Ausschnitt aus einem Gemälde von Fritz Wendler

104

geblieben. Helmut Hemmer vermutet, dies sei ein Rest von einem männlichen Gepard mit einem Gewicht von etwa 90 Kilogramm.

Ähnlich alt wie die rund 600.000 Jahre alten Fossilien aus den Mosbach-Sanden von Wiesbaden sind Reste vom Gepard aus Hundsheim in Niederösterreich. 2008 schlugen Helmut Hemmer (Mainz), Ralf-Dietrich Kahlke (Weimar) und Thomas Keller (Wiesbaden) für Geparde aus dem frühen Mittelpleistozän den wissenschaftlichen Namen *Acino-nyx pardinensis* (sensu lato) *intermedius* vor.

In der Publikation „Geparde im Mittelpleistozän Europas: *Acinonyx pardinensis* (sensu lato) *intermedius* (Thenius, 1954) aus den Mosbach-Sanden (Wiesbaden, Hessen, Deutschland)" (2008) von Helmut Hemmer (Mainz), Ralf-Dietrich Kahlke (Weimar) und Thomas Keller (Wiesbaden) werden folgende Gepard-Fundorte in Europa erwähnt:

Deutschland: Untermaßfeld bei Meiningen, Mosbach-Sande von Mosbach in Wiesbaden

Österreich: Hundsheim

Frankreich: Ètouaires, Ardé, Saint-Vallier

Italien: Casa Frata, Olivola

Heutige Geparde erreichen eine Kopfrumpflänge von etwa 1,50 Meter, wozu ein rund 0,70 Meter langer Schwanz hinzukommt, und eine Schulterhöhe von etwa 0,80 Meter. Ihr Gewicht beträgt nur etwa 60 Kilogramm. Eiszeitliche Geparde waren – nach den gefundenen Skelettresten zu schließen – merklich größer und schwerer. Geparde gibt es heute noch in Savannen Afrikas und Asiens.

Geparde gelten als schnellste Landtiere der Erde. Sie haben einen sehr schlanken windhundähnlichen Körper. Ihr Kopf ist klein und rund. Ihre Beine sind extrem lang und dünn. Der Schwanz ist fast halb so lang wie der Körper. Die Krallen können nur bedingt eingezogen werden. Laut Online-Lexikon „Wikipedia" erreichen Geparde im Lauf eine Geschwindigkeit bis zu 112 Stundenkilometern, die sie aber nur etwa 400 Meter weit beibehalten können.

Heutiger Silberlöwe (Puma concolor)
im Arizona-Sonora Desert Museum

Der englische Paläontologe Richard Owen (1804–1892)
hat 1846 als Erster den Eurasischen Puma (Puma pardoides)
wissenschaftlich beschrieben.

Der Puma

Die ältesten Fossilien, die man dem Zweig der Pumas zuordnen kann, kennt man aus Afrika und stammen aus dem Pliozän vor mehr als drei Millionen Jahren. Zwei Oberkieferfragmente eines Pumas (*Puma pardoides*) aus dem Pliozän vor mehr als 2,6 Millionen Jahren in Georgien gelten als die ältesten bekannten Fossilien dieser Raubkatze in Europa. Diese beiden Fossilien aus Kvabebi bei Signakhi hatte der georgische Paläontologe Abesalom K. Vekua 1972 als Luchs (*Lynx issiodorensis*) fehlgedeutet.

2004 erkannte der Mainzer Zoologe Helmut Hemmer bei einer Untersuchung von Raubkatzen-Fossilien aus Kvabebi in der Sammlung des Georgian State Museum in Tiflis ihre wahre Natur als Eurasischer Puma. Der Eurasische Puma (*Puma pardoides)* wurde 1846 von dem englischen Paläontologen Richard Owen (1804–1892) erstmals wissenschaftlich beschrieben. Ebenfalls mehr als 2,6 Millionen Jahre alt sind Puma-Funde aus Shamar in der Mongolei, die als die ältesten Puma-Belege in Asien gelten.

Vor etwa einer Million Jahren jagte der Puma (*Puma pardoides*) auch in Thüringen, wie Funde aus dem Leichenfeld bei Untermaßfeld nahe Meiningen beweisen. Dabei handelt es sich um den ältesten Nachweis eines Pumas in Deutschland. In Nordamerika ist der heutige Puma (*Puma concolor*), auch Silberlöwe genannt, nicht vor 400.000 Jahren belegt.

Die Funde aus dem Flussbett der Ur-Werra bei Unter-maßfeld nahe Meiningen in Thüringen ermöglichen faszinierende Einblicke in die Tierwelt des Bavelium vor etwa 1,07 Millionen bis 990.000 Jahren. Dieser Abschnitt des Eiszeitalters wurde 1983 von dem niederländischen Geologen Waldo H. Zagwijn und dem Palynologen Jan de Jong, beide am Rijksgeo-logischen Dienst in Harlem tätig, erstmals wissen-schaftlich beschrieben.

Bei den Ausgrabungen des Weimarer Paläontologen Ralf-Dietrich Kahlke kamen Reste ungewöhnlich vieler Tiere zum Vorschein, die bei Hochwasser ums Leben gekommen waren. In diesem eiszeitlichen Leichenfeld lagen Fossilien vom Flusspferd (*Hippopotamus amphibius antiquus*), Südelefanten (*Mammuthus meridionalis*), der Dolchzahnkatze (*Megantereon cultridens adroveri*, der Sä-belzahnkatze *Homotherium crenatidens*), vom Europäi-schen Jaguar (*Panthera onca gombaszoegensis*), Puma (*Puma pardoides*), Gepard (*Acinonyx pardinensis pleistocaenicus*), Luchs (*Lynx issiodorensis*), der Hyäne (*Pachycrocuta brevirostris*) und vom Makaken (*Macaca sylvanus*).

In der Publikation „The Old World puma – *Puma pardoides* (Owen, 1846) (Carnivora: Felidae) – in the Lower Villafranchian (Upper Pliocene) of Kvabebi (East Georgia, Transcaucasia) and its evolutionary and biogeographical significance" von Helmut Hemmer (Mainz), Ralf-Dietrich Kahlke (Weimar) und Abesalom K. Vekua (Tiflis) von 2004 werden zahlreiche Puma-Fundorte in Europa erwähnt:

Spanien: La Puebla de Valverde

Frankreich: Ètouaires, Saint-Vallier, Le Vallonet

England: Newbourn
Niederlande: Tegelen
Deutschland: Untermaßfeld bei Meiningen
Tschechien: Stranskà Skála
Bulgarien: Varshets
Mongolei: Shamar, Beregovaya 1
Der heutige Puma (*Puma concolor*) wurde 1771 von dem schwedischen Naturforscher Carl von Linné (1707–1778) bzw. Linnaeus erstmals wissenschaftlich beschrieben. Pumas existieren in der Gegenwart nur noch in Nord- und Südamerika. Man nennt sie auch Silberlöwe, Berglöwe oder Kuguar. In den USA wird der Puma manchmal als Panther bezeichnet. Das ist aber ein Begriff, den man außerhalb der USA für verschiedene Großkatzen verwendet.

Puma concolor erreicht eine Schulterhöhe von etwa 70 Zentimetern. Männliche Pumas haben eine Kopfrumpflänge von durchschnittlich 1,30 Meter. Weibliche Pumas sind mit einer Kopfrumpflänge von durchschnittlich 1,10 Meter etwas kleiner. Zur Kopfrumpflänge kommt ein zwischen 66 und 78 Zentimetern langer Schwanz hinzu. Männliche Pumas wiegen bis zu 100 Kilogramm und mehr, weibliche Pumas meistens nicht mehr als 50 Kilogramm.

Pumas gelten als Kleinkatzen, sind Einzelgänger, tragen fünf Zehen an den Vorderpfoten und vier an den Hinterpfoten und besitzen einziehbare Krallen. Sie können bis zu vier Meter hoch und zehn Meter weit springen. Im Gegensatz zu Großkatzen brüllen sie nicht. Manche Forscher wie Truman Everts beschreiben ihren Schrei sogar als menschenähnlich.

Der schwedische Naturforscher
Carl von Linné (1707–1778) bzw. Linnaeus
hat 1771 als Erster
den heutigen Puma (Puma concolor)
wissenschaftlich beschrieben.

Zum Beutespektrum der Pumas gehören Säugetiere fast aller Größen vom Elch, Hirsch, Rentier bis zu Mäusen und Ratten sowie Vögel und in manchen Gegenden auch Fische. Dagegen meiden sie Aas und Reptilien. Bei der Jagd auf größere Säugetiere schleichen sich Pumas heran, springen aus kurzer Distanz auf den Rücken des Beutetieres und brechen ihm mit einem kräftigen Biss in den Hals das Genick.

Wissenschaftsautor Ernst Probst

Der Autor

Ernst Probst, geboren am 20. Januar 1946 in Neunburg vorm Wald im bayerischen Regierungsbezirk Oberpfalz, ist Journalist und Wissenschaftsautor. Er arbeitete von 1968 bis 1971 als Redakteur bei den „Nürnberger Nachrichten", von 1971 bis 1973 in der Zentralredaktion des „Ring Nordbayerischer Tageszeitungen" in Bayreuth und von 1973 bis 2001 bei der „Allgemeinen Zeitung", Mainz. In seiner Freizeit schrieb er Artikel für die „Frankfurter Allgemeine Zeitung", „Süddeutsche Zeitung", „Die Welt", „Frankfurter Rundschau", „Neue Zürcher Zeitung", „Tages-Anzeiger", Zürich, „Salzburger Nachrichten", „Die Zeit", „Rheinischer Merkur", „Deutsches Allgemeines Sonntagsblatt", „bild der wissenschaft", „kosmos", „Deutsche Presse-Agentur" (dpa), „Associated Press" (AP) und den „Deutschen Forschungsdienst" (df). Aus seiner Feder stammen die Bücher „Deutschland in der Urzeit" (1986), „Deutschland in der Steinzeit" (1991), „Rekorde der Urzeit" (1992), „Dinosaurier in Deutschland" (1993 zusammen mit Raymund Windolf) und „Deutschland in der Bronzezeit" (1996). Von 2001 bis 2006 betätigte sich Ernst Probst als Buchverleger sowie zeitweise als internationaler Fossilienhändler und Antiquitätenhändler. Insgesamt veröffentlichte er mehr als 100 Bücher, Taschenbücher, Broschüren, Museumsführer und E-Books.

Literatur

AMBROS, Dieta / HILPERT, Brigitte / REISCH, Ludwig / ROSENDAHL, Wilfried: Steinberg-Höhlenruine bei Hunas (HFA A 236). Aus: AMBROS, Dieta / GROPP, Christof / HILPERT, Brigitte / KAULICH, Brigitte: Neue Forschungen zum Höhlenbären in Europa. Abhandlungen der Naturhistorischen Gesellschaft Nürnberg, 45/2005, S. 325–342, Nürnberg 2005

ARGANT, Alain: Les sités paléontologiques du Pleistocène moyen en Mâconnais. Bull. Soc. Préhist. Franc, 97, 4, S. 609–623, Paris 2000

ARGANT, Alain / ARGANT, Jacqueline / JEANNET, Marcel / ERBAJEVA, Margarita: The big cats of the fossil site Cháteau Breccia Northern Section (Saône-et-Loire, Burgundy, France): stratigraphy, palaeoenvironment, ethology and biochronological dating. Courier Forschungs-Institut Senckenberg, 259, S. 121–140, Frankfurt am Main 2007

ATHEN, Kerstin: Höhlenlöwen im Westerwald? – Ein Knochenfragment von Breitscheid-Erdbach, S. 20–22, Wiesbaden 2004

BARYSHNIKOV, Gennady F. / BOESKOROV, Gennady: The Pleistocene cave lion, *Panthera spelaea*

(Carnivora, Felidae) from Yakutia. Cranium 18, S. 7–24, Amsterdam 2001

BERCKHEMER, Fritz: Neue Funde von Resten eiszeitlicher Löwen aus Württemberg. Jahreshefte des Vereins für vaterländische Naturkunde in Württemberg. Jahrgang 83, S. 75–76, Stuttgart 1927

BOSINSKI, Gerhard / LANSER, Klaus Peter: Urgeschichte. Aus: Das Eiszeitalter im Ruhrland. Führer des Ruhrlandmuseums, Heft Nr. 2, S. 25, Köln 1982

BRÜNING, Herbert: Die eiszeitliche Tierwelt im Rhein-Main-Gebiet, Mosbacher Sande. Museumsführer Nr. 4, Naturhistorisches Museum Mainz, 1972

BRÜNING, Herbert: Vom Eiszeitalter im Mainzer Becken. Museumführer Nr. 3, Naturhistorisches Museum Mainz, 1973

BRÜNING, Herbert: Die eiszeitliche Tierwelt von Mosbach. Ihre Umwelt – ihre Zeit. Museumsführer Nr. 6, Rheinische Naturforschende Gesellschaft zu Mainz in Verbindung mit dem Naturhistorischen Museum Mainz, 1980

BURGER, Joachim / ROSENDAHL, Wilfried / LOREILLE, Odile / HEMMER, Helmut / ERIKSSON, Torsten / GÖTHERSTRÖM, Anders / HILLER, Jennifer / COLLINS, Matthew / WESS, Timothy / ALT, Kurt W.: Molecular phylogeny of the extinct cave lion *Panthera leo spelaea*, Molecular

Phylogenetics and Evolution, Vol. 30, p. 841–849, Elsevier, San Diego 2004

COX, Barry / DIXON, Dougal / GARDINER, Brian / SAVAGE, R. J. G.: Dinosaurier und andere Tiere der Vorzeit, München 1989

CROIZET, L'Abbe Jean-Baptiste / JOBERT, Antoine: Recherches sur les ossemens fossiles du département du Puy-de-Dome, Paris 1928

DIEDRICH, Cajus G.: Freilandfunde des oberpleistozänen Löwen *Panthera leo spelaea* (Goldfuss 1810) in Westfalen (Norddeutschland). Philippia 11 (3), S. 219–226, Kassel 2004

DIEDRICH, Cajus G.: The fairy tale about the „cave lion" *Panthera leo spelaea* (Goldfuss 1810) of Europe – Late Ice Ages spotted hyenas and Ice Age steppe lions in conflict – lion killers und savengers around Prague (Central bohemia). Scripta Facultatis Scientiarum Universitatis Masarykianae. Geology, 35, S. 107–112, Brno 2005

DIEDRICH, Cajus G.: The holotypes of the upper Pleistocene *Crocuta crocuta spelaea* (Goldfuss, 1822: Hyaenidae) and *Panthera leo spelaea* (Goldfuss, 1810: Felidae) of the Zoolithen Cave hyena den (South Germany) and their palaeoecological interpretation. Zoological Journal of the Linnean Society, London 2008

DIEDRICH, Cajus G.: Bone accumulators beetween the Scandinavian and Alpine ice shields of Central

Europe the last Ice Age spotted hyenas: mammoth scavengers, wolly rhino killers, horse hunters and cave bear/lions antagonists, im Druck

DIEDRICH, Cajus G.: Steppe lion *Panthera leo spelaea* (Goldfuss 1810) remains imported by Ice Age spotted hyenas *Crocuta crocuta spelaea* (Goldfuss 1923) from the Perick Caves, a Late Pleistocene hyena den in Northern Germany, im Druck

DIEDRICH, Cajus G.: Upper Pleistocene *Panthera leo spelaea* (Goldfuss 1810) remains from an open air loess bone accumulation site in Freyburg a. U. (Central Germany) caused by Ice Age spotted hyenas. Comptes Rendues Palevol., Paris, im Druck

DIEDRICH, Cajus G.: Skeleton remains of an adoloscent *Panthera leo spelaea* (Goldfuss 1810) from the Wilhelms Cave hyena den (Sauerland Karst, NW Germany). Acta Paleontologica Polonia, im Druck

DIEDRICH, Cajus G.: Late Pleistocene steppe lion *Panthera leo spelaea* (Goldfuss 1810) remains from the Bilstein Caves (Northern Germany) and discussion on the taphonomic presence at hyena dens of Central Europa. Comtes Rendues Palevol, Paris, im Druck

DIEDRICH, Cajus G.: Pleistocene *Panthera leo spelaea* (Goldfuss 1810) remains from the Balver Cave (NW Germany) – a hyena den and Middle Palaeolithic human site. International Journal of Osteo-archaeology, im Druck

DIEDRICH, Cajus G.: Late Pleistocene lion *Panthera leo spelaea* (Goldfuss 1810) remains from the Keppler Cave (Sauerland Karst, NW Germany). Cranium, Amsterdam, im Druck

DIETRICH, Wilhelm Otto: Fossile Löwen im europäischen und afrikanischen Pleistozän. Paläontologische Abhandlungen, Abt. A, Paläozoologie, 3, S. 323–366, Berlin 1968

DÖPPES, Doris / RABEDER, Gernot: Pliozäne und pleistozäne Faunen Österreichs. Ein Katalog der wichtigsten Fundstellen und ihrer Faunen (Endbericht des Forschungsberichtes Nr. 9320 des „Fonds zur Förderung der wissenschaftlichen Forschung") mit Beiträgen von Petra Cech, Doris Döppes, Thomas Einwögerer, Florian A. Fladerer, Christa Frank, Karl Mais, Doris Nagel, Marion Niederhuber, Martina Pacher, Rudolf Pavuza, Gernot Rabeder, Christian Reisinger, Harald Temmel, Gerhard Withalm. Mitteilungen der Kommission für Quartärforschung der Österreichischen Akademie der Wissenschaften, Band 10, Wien 1997

ESPER, Johann Friedrich: Ausführliche Nachricht von neuentdeckten Zoolithen unbekannter vierfüssiger Thiere und denen sie enthaltenden, so wie verschiedenen anderen, denkwürdigen Grüften der Oberbürgischen Lande des Marggrafthums Bayreuth, Nürnberg 1774

FABER, Rolf: Moskebach – Biebrich-Mosbach 991–
1971. Chronik von Dr. Rolf Faber im Auftrag des
Verschönerungs- und Verkehrsvereins Biebrich am
Rhein e. V., Wiesbaden-Biebrich 1991
FISCHER, Karlheinz: Neufunde von
jungpleistozänen Höhlenlöwen *Panthera leo spelaea*
(GOLDFUSS, 1810) in Rübeland (Harz).
Braunschweiger naturkundliche Schriften, 4, Heft 3, S.
455–471, Braunschweig 1994
FISCHER, Karlheinz: Ein Leoparden-Fund, *Panthera
pardus* (L., 1758), aus dem jungpleistozänen Rixdorfer
Horizont von Berlin und die Verbreitung des
Leoparden im Pleistozän Europas. Mitteilungen aus
dem Museum für Naturkunde in Berlin, Geowiss.
Reihe 3, S. 211–227, Berlin 2000
FISCHER, Karlheinz: Ein Höhlenlöwenskelett
(*Panthera spelaea* Goldfuss, 1810) aus interglazialen
Seesedimenten der Saalezeit von Neumark-Nord bei
Merseburg in Sachsen-Anhalt. Prähistorica Thuringica
6/7, S. 98–192, Artern 2001
GOLDFUSS, Georg August: Die Umgebungen von
Muggendorf, Erlangen 1810
GOLDFUSS, Georg August: Osteologische Beiträge
zur Kenntniß verschiedener Saeugthiere der Vorwelt:
IV. Ueber den Schaedel des Hoehlenloewen.
Verhandlungen der kaiserlichen leopoldinischen
carolinaeischen Akademie der Naturfreunde, 10, S.
489–494, Bonn 1821

GOLDFUSS, Georg August: Osteologische Beiträge zur Kenntniß verschiedener Saeugthiere der Vorwelt (Fortsetzung). Verhandlungen der kaiserlichen leopoldinischen carolinaeischen Akademie der Naturfreunde, 11, S. 449–490, Bonn 1823

GROISS, Josef Theodor: Der Höhlentiger *Panthera tigris spelaea* (Goldfuss). Neues Jahrbuch für Geologie und Paläontologie Monatshefte (7), S. 399–414, Stuttgart 1966

GROISS, Josef Theodor: Neufunde von quartären Großsäugern aus der Moggaster Höhle bei Ebermannstadt (Ofr.). Archaeopteryx, 10, S. 31–49, Eichstätt 1992

GROSS, Carin: Das Skelett des Höhlenlöwen *(Panthera leo spelaea)* (GOLDFUSS, 1810) aus Siegsdorf/Ldkr. Traunstein im Vergleich mit anderen Funden aus Deutschland und den Niederlanden. Inaugural-Dissertation Tierärztliche Fakultät der Universität München, S. 1–129, München 1992

HEIDTKE, Ulrich: Eine Großsäuger-Fauna aus dem älteren Pleistozän der Pfalz (Spaltenfüllung Neuleiningen 11). Mitteilungen der Pollichia, 67, S. 135–141, Bad Dürkheim 1979

HELLER, Florian: Jüngstpliozäne Knochenfunde in der Moggaster Höhle (Fränkische Schweiz). Centralblatt für Mineralogie, Jahrgang 1930, Abt. B, Nr. 4, S. 154–159, München 1930

HELLER, Florian: Ein Schädel von *Felis spelaea* Goldf. aus der Frankenalb (zugleich ein Beitrag zum Löwe-Tiger-Problem der diluvialen Großkatze. Erlanger geologische Abhandlungen Heft 7, S. 1–23, Erlangen 1953

HELLER, Florian: Zur Diluvialfauna des Fuchsenloches bei Siegmannsbrunn, Ldkr. Pegnitz (Die Funde der Gumpert'schen Grabungen). Geol. Bl. NO-Bayern, 5 (2), S. 49–70, Erlangen 1955

HELLER, Florian: Die Fauna. Aus: ZOTZ, Lothar: Das Paläolithikum in den Weinberghöhlen bei Mauern. Quartärbibliothek 2, S. 220–307, Bonn 1955

HELLER, Florian: Die Fauna der Breitenfurter Höhle im Landkreis Eichstätt. Erlanger geologische Abhandlungen, Heft, 19, S. 2–32, Erlangen 1956

HELLER, Florian: Würmeiszeitliche und letztinterglaziale Faunenreste von Lobsing bei Neustadt/Donau. Erlanger geologische Abhandlungen, Heft 34, S. 19–33, Erlangen 1960

HELLER, Florian: Ein Höhlenlöwenfund in der Moggaster Höhle. Mitteilungsblatt der Abteilung für Karst- und Höhlenkunde der Naturhistorischen Gesellschaft Nürnberg, 8. Jahrgang 1975, Heft 2, S. 29–38, Nürnberg 1975

HEMMER, Helmut: Fossilbelege zur Verbreitung und Artgeschichte des Löwen, *Panthera leo* (Linné, 1758). Säugetierkundliche Mitteilungen 15, S. 289–300, München 1967

HEMMER, Helmut: Zur Kenntnis pleistozäner mitteleuropäischer Pantherkatzen (Pantherinae), Teil I. Veröffentlichungen der Zoologischen Staatssammlung, 1, S. 15–36, München 1971

HEMMER, Helmut: Untersuchungen zur Stammesgeschichte der Pantherkatzen (Pantherinae), Teil III. Zur Artgeschichte des Löwen *Panthera (Panthera) leo* (Linnaeus 1758). Veröffentlichungen der Zoologischen Staatssammlung München, Band 17, S. 167–280, München 1974

HEMMER, Helmut: Die Carnivorenreste (mit Ausnahme der Hyänen und Bären) aus den jungpleistozänen Travertinen von Taubach bei Weimar. Quartärpaläontologie 2, S. 379–387, Berlin 1977

HEMMER, Helmut: Die Feliden aus dem Epivillafranchium von Untermaßfeld. Aus: KAHLKE, Ralf-Dietrich (Hrsg.): Das Pleistozän von Untermaßfeld bei Meiningen (Thüringen). Teil 3. Monographien des Römisch-Germanischen Zentralmuseums, 40/3, S. 699–782, Mainz 2001

HEMMER, Helmut: Pleistozäne Katzen Europas – eine Übersicht. Cranium, Amsterdam 2004

HEMMER, Helmut / KAHLKE, Ralf-Dietrich / KELLER, Thomas: *Panthera onca gombaszoegensis* aus den frühmittelpleistozänen Mosbach-Sanden (Wiesbaden, Hessen, Deutschland). Ein Beitrag zur Kenntnis der Variabilität und Verbreitungsgeschichte des Jaguars. Neues Jahrbuch für Geologie und Paläontologie, Abhandlungen, 229 (1), S. 31–60, Stuttgart 2003

HEMMER, Helmut / KAHLKE, Ralf-Dietrich / VEKUA, Abesalom K.: The Jaguar – *Panthera onca gombaszoegensis* (KRETZOI, 1938) (Carnivora: Felidae) in the late Lower Pleistocene of Akhalkalaki (South Georgia; Transcaucasia) and its evolutionary and ecological significance. Géobios, 34 (4), S. 475–486, Villeurbanne 2001

HEMMER, Helmut / KAHLKE, Ralf-Dietrich / VEKUA, Abesalom K.: The Old World puma – *Puma pardoides* (Owen, 1946) (Carnivora: Felidae) – in the lowe Villafranchian (Upper Pliocene) of Kvabesi (East Georgia, Transcaucasia) and its evolutionary and biogeographical significance. Neues Jahrbuch für Geologie und Paläontologie, Abhandlungen 233 (2), S. 197–321, Stuttgart 2004

HEMMER, Helmut / KAHLKE, Ralf-Dietrich: Nachweis des Jaguars (*Panthera onca gombaszoegensis*) aus dem späten Unter- oder frühen Mittelpleistozän der Niederlande. Deinsea, Annual oft the Natural History Museum Rotterdam, S. 47–57, Rotterdam 2005

HEMMER, Helmut / KAHLKE, Ralf-Dietrich / KELLER, Thomas: Geparde im Mittelpleistozän Europas: *Acinonyx pardinensis* (sensu lato) *intermedius* (Thenius, 1954) aus den Mosbach-Sanden (Wiesbaden, Hessen, Deutschland). Neues

Jahrbuch für Geologie und Paläontologie,
Abhandlungen, 249 (3), S. 345–356, Stuttgart 2008
HEMMER, Helmut / SCHÜTT, Gerda: Ein
Gepardenfund aus den Mosbacher Sanden (Alt-
pleistozän, Wiesbaden). Mainzer Naturwissenschaft-
liches Archiv, 9, S. 118–131, Mainz 1970
HILPERT, Brigitte / KAULICH, Brigitte /
ROSENDAHL, Wilfried: Die Zoolithenhöhle bei
Burggaillenreuth (Fränkische Alb, Süddeutschland).
Forschungsgeschichte, Geologie, Paläontologie und
Archäologie. Aus: AMBROS, Dieta / GROPP,
Christof / HILPERT, Brigitte / KAULICH, Brigitte:
Neue Forschungen zum Höhlenbären in Europa.
Abhandlungen der Naturhistorischen Gesellschaft
Nürnberg, 45, S. 259–304, Nürnberg 2005
HILPERT, Brigitte / KAULICH, Brigitte: Die
Petershöhle bei Velden (Fränkische Alb,
Süddeutschland). Lage, Forschungsgeschichte,
Stratigraphie, Paläontologie, Archäologie und
Chronologie. Aus: AMBROS, Dieta / GROPP,
Christof / HILPERT, Brigitte / KAULICH, Brigitte:
Neue Forschungen zum Höhlenbären in Europa.
Abhandlungen der Naturhistorischen Gesellschaft
Nürnberg, 45/2005, S. 343–364, Nürnberg 2005
HILZHEIMER, Max: Zwei Radien von *Felis spelaea*
aus der Mark Brandenburg. Zeitschrift der
Geschiebeforschung und Flachlandgeologie 3, S. 79–
81, Leipzig 1927

HÖRMANN, Konrad: Der hohle Fels bei Happurg. Abhandlungen der Naturhistorischen Gesellschaft Nürnberg, 20, S. 21–64, Nürnberg 1913

HÖRMANN, Konrad: Die Petershöhle bei Velden in Mittelfranken. Abhandlungen der Naturhistorischen Gesellschaft Nürnberg, 24, Heft 2, S. 15–90, Nürnberg 1923

HÖRMANN, Konrad und Mitarbeiter: Grabungsberichte der Anthropologischen Sektion. Die Petershöhle bei Velden in Mittelfranken, eine altpaläolithische Station. Abhandlungen der Naturhistorischen Gesellschaft Nürnberg, 21, Heft 4, S. 123–153, Nürnberg 1923

HUBER, Fritz: Die nördliche Frankenalb, ihre Geologie, Höhlen und Karsterscheinungen. Band 2, Die Höhlen des Karstgebietes A Königstein. Jahreshefte für Karst- und Höhlenkunde, 8/2, München 1967

HÜLLE, Werner M.: Die Ilsenhöhle unter Burg Ranis Thüringen, München 1977

JAEKEL; Otto: Prähistorische Löwen aus dem Formenkreis der *Felis spelaea*. Zoologischer Anzeiger 70, S. 225–236, Leipzig 1927

KAHLKE, Hans Dietrich: Die Eiszeit, Leipzig 1994

KAHLKE, Hans Dietrich (Hrsg.): Das Pleistozän von Weimar-Ehringsdorf. Teil 1. Abhandlungen des Zentralen Geologischen Instituts, Paläontologische Abhandlungen, 21, Berlin 1974

KAHLKE, Hans Dietrich (Hrsg.): Das Pleistozän von Weimar-Ehringsdorf. Teil 2. Abhandlungen des Zentralen Geologischen Instituts, Paläontologische Abhandlungen, 21, Berlin 1975

KAHLKE, Hans Dietrich (Hrsg.): Das Pleistozän von Burgtonna in Thüringen. Quartärpaläontolgie 3, Berlin 1978

KAHLKE, Hans Dietrich (Hrsg.): Das Pleistozän von Taubach bei Weimar. Quartärpaläontologie, 2, Berlin 1977

KAHLKE, Hans Dietrich (Hrsg.): Das Pleistozän von Burgtonna in Thüringen. Quartärpaläontologie, 3, Berlin 1978

KAHLKE, Ralf-Dietrich (Hrsg.): Das Pleistozän von Untermaßfeld bei Meiningen (Thüringen). Teil 1. Monographien des Römisch-Germanischen Zentralmuseums, Mainz 1997

KAHLKE, Ralf-Dietrich (Hrsg.): Das Pleistozän von Untermaßfeld bei Meiningen (Thüringen). Teil 2. Monographien des Römisch-Germanischen Zentralmuseums, Mainz 2001

KAHLKE, Ralf-Dietrich (Hrsg.): Das Pleistozän von Untermaßfeld bei Meiningen (Thüringen). Teil 3. Monographien des Römisch-Germanischen Zentralmuseums, Mainz 2001

KAHLKE, Ralf-Dietrich: Bedeutende Fossilvorkommen des Quartärs in Thüringen. Teil 5: Großsäugetiere. Aus: KAHLKE, Ralf-Dietrich /

WUNDERLICH, Jürgen (Hrsg.): Tertiär und Quartär in Thüringen. Beiträge zur Geologie von Thüringen, Neue Folge 9, S. 207–232, Jena 2002

KAISER, Thomas M. / KELLER, Thomas / TANKE, Walter: Ein neues pleistozänes Wirbeltiervorkommen im Paläokarst Mittelhessens (Breitscheid-Erdbach, Lahn-Dill-Kreis. Geologisches Jahrbuch Hessen 126, S. 71–79, Wiesbaden 1998

KELLER, Thomas: Die eiszeitlichen Mosbach-Sande bei Wiesbaden. Paläontologische Denkmäler in Hessen 3, Wiesbaden 1994

KELLER, Thomas / LÖSCHER, Manfred: Biostratigraphische Altersbestimmung an eiszeitlichen Faunenfundstellen: Das Projekt Mauer-Mosbach. Denkmalpflege & Kulturgeschichte, 2, S. 38–40, Wiesbaden 2008

KLÄHN, Hans: Ein Fund von *Felis leo* im Löss von Heitersheim i. B. Mitteilungen der Großherzoglich Badischen Geologischen Landesanstalt 9 (1), S. 353–366, Heidelberg 1922

KOENIGSWALD, Gustav Heinrich Ralph von: Fossil cats from the Tegelen clay. Publicaties van het Naturhistorisch Genootschap in Limburg, 12, S. 19–27, Limburg 1960

KOENIGSWALD, Wighart von: Zur Ökologie und Biostratigraphie der beiden pleistozänen Faunen von Mauer bei Heidelberg. Aus: BEINHAUER, Karl W. / WAGNER, Günther A.: Schichten von Mauer. 85

Jahre *Homo erectus heidelbergensis,* S. 101–110,
Mannheim 1992
KOENIGSWALD, Wighart von (Hrsg.): Eiszeitliche
Tierfährten aus Bottrop-Welheim. Münchener
Geowissenschaftliche Abhandlungen, Reihe A, Band
27, München 1995
KOENIGSWALD, Wighart von: Lebendige Eiszeit,
Stuttgart 2002
KOENIGSWALD, Wighart von / MÜLLER-BECK,
Hansjürgen / PRESSMAR, Emma: Die Archäologie
und Paläontologie in den Weinberghöhlen bei Mauern
(Bayern). Grabungen 1937–1967, Tübingen 1974
KOENIGSWALD, Wighart von / SCHMITT, Erich:
Eine pathologisch veränderte Löwentibia aus dem
Jungpleistozän der nördlichen Oberrheinebene. Natur
und Museum 117, S. 272–277, Frankfurt am Main
1987
KOENIGSWALD, Wighart von / NAGEL, Doris /
MENGER, Frank: Ein jungpleistozäner Leoparden-
kiefer von Geinsheim (nördliche Oberrheinebene,
Deutschland) und die stratigraphische und
ökologische Verbreitung von *Panthera pardus.* Neues
Jahrbuch für Geologie und Paläontologie,
Monatshefte (5), S. 177–297, Stuttgart 2006
KOLFSCHOTEN, Thijs van: The Eemian mammal
fauna of central Europe. Geologie en Mijnbouw /
Netherlands Journal of Geosciences 79 (2/3), S, 269–
281, Utrecht 2000

KRETZOI, Miklós: Die Raubtiere von Gombaszök nebst einer Übersicht der Gesamtfauna. Annales historico-naturales Musei Nationalis Hungarici, Pars Mineralogica, Geologica, Paleontologica 31, S. 88–157, Budapest 1938

KURTÈN, Björn: The Pleistocene lion of Beringia, Annales Zoologici Fennici 22, S. 117–121, Helsinki 1985

LANSER, Klaus-Peter: Die Krefelder Terrasse und ihr Liegendes im Bereich Krefeld. Inaugural-Dissertation zur Erlangung des Doktorgrades der Mathematisch-Naturwissenschaftlichen Fakultät der Universität zu Köln, Köln 1983

LANSER, Klaus-Peter: Ausgrabungen in alten Kisten – Die Knochenfunde aus der Balver Höhle. Begleitbuch zur Ausstellung Von Anfang an. Archäologie in Nordrhein-Westfalen. Römisch-Germanisches Museum der Stadt Köln, S. 314–317, Köln 2005

LEIDY, Joseph: Transactions of the American Philosophical Society, NS, 10, Philadelphia 1853

LIEBE, Karl Theodor: Die Lindenthaler Hyänenhöhle und andere diluviale Knochenfunde in Ostthüringen. Archiv für Anthropologie, 9, Braunschweig 1876

MAI, Dieter Hans / NÖTZOLD, Tilo / TÖPFER, Volker / VLCEK, Emanuel / HEINRICH, Wolf-Dieter: Bilzingsleben II. *Homo erectus* – seine Kultur

und Umwelt. Veröffentlichungen des Landes-
museums für Vorgeschichte Halle, 36, Berlin 1983
MANIA, Dietrich / TÖPFER, Volker: Königsaue –
Gliederung, Ökologie und paläolithische Funde der
letzten Eiszeit. Veröffentlichungen des Landes-
museums für Vorgeschichte Halle, 26, Berlin 1973
MANIA, Dietrich: Auf den Spuren des Urmenschen.
Die Funde auf der Steinrinne bei Bilzingsleben,
Berlin-Stuttgart 1990
MANIA, Dietrich / HEINRICH, Wolf-Dieter /
FISCHER, Karlheinz / BÖHME, Gottfried /
TURNER, Alan / ERD, Klaus / MAI, Dieter Hans:
Bilzingsleben V. *Homo erectus* – seine Kultur und
Umwelt, Bad Homburg-Leipzig 1997
MANIA, Dietrich / THOMAE, Matthias (Mitarbeit
von Manfred Altermann, Wolf-Dieter Heinrich, Jan
van der Made, Hans Dieter Mai, Maria Seifert-Eulen):
Zur stratigraphischen Gliederung der Saalezeit im
Saalegebiet und Harzvorland. Praehistoria Thuringica,
Sonderheft, S. 3–44, Langenweisbach 2008
MOL, Dick / LOGCHEM, Wilrie van /
HOOIJDONK, Kees van / BAKKER, Remie: De
sabeltandtijger uir de Noordzee, Norg 2007
NAGEL, Doris: *Panthera pardus* und *Panthera spelaea*
(Felidae) aus der Höhle von Merkenstein/
Niederösterreich. Wissenschaftliche Mitteilungen des
Niederösterreichischen Landesmuseums, 10, S. 215–
224, St. Pölten

NAPIERALA, Hannes: Die Tierknochen aus dem Kesslerloch. Neubearbeitung der paläolithischen Fauna. Beiträge zur Schaffhauser Archäologie 2, Schaffhausen 2008

NIELBOCK, Ralf: Faunen des Eiszeitalters. Funde und Grabungen in Schlotten und Höhlen des Südharzes, Hannover 1998

PROBST, Ernst: Deutschland in der Urzeit, München 1986

PROBST, Ernst: Wie die Löwen die Welt eroberten. Aus: PREUSS, Karl-Heinz / SIMEN, Rolf H.: Geschichten, die die Forschung schreibt, Band 9, 60 Reisen durch die Wissenschaft, S. 71–73, Bonn 1990

PROBST, Ernst: Deutschland in der Steinzeit, München 1991

PROBST, Ernst: Rekorde der Urzeit, München 2008

PROBST, Ernst: Rekorde der Urmenschen, München 2008

PROBST, Ernst: Säbelzahnkatzen, München 2009

PROBST, Ernst: Die Dolchzahnkatze *Megantereon*, München 2011

PROBST, Ernst: Die Säbelzahnkatze *Homotherium*, München 2011

RABEDER, Gernot: Die Höhlenbären von Conturines, Bozen 1991

RABEDER, Gernot: Der Panther vom Steinfeld. Die neuesten Ergebnisse der Grabung in der Ochsen-

halthöhle. Unser Weißenbach 4, 15, Weißenbach bei
Liezen 2003
RABEDER, Gernot / FRISCHAUF, Christine /
WITHALM, Gerhard: Die Conturineshöhle und der
Ladinische Bär. Bad Vöslau 2006
RATHGEBER, Thomas: Die quartären Säugetier-
Faunen der Bären- und Karlshöhle bei Erpfingen im
Überblick. Laichinger Höhlenfreund, Jg. 38, Nr. 2, S.
107–144, Laichingen 2003
RATHGEBER, Thomas: Die quartäre Tierwelt der
Höhlen um Veringenstadt (Schwäbische Alb).
Laichinger Höhlenfreund, Jg. 39, Nr. 1, S, 207–228,
Laichingen 2004
RATHGEBER, Thomas / LEHMKUHL, Achim:
Sibyllenhöhle auf der Teck / Sibyllen cave at the Teck
hill. Aus: ROSENDAHL, Wilfried / MORGAN,
Mark / LOPEZ CORREA, Matthias: Cave-Bear-
Researches/Höhlen-Bären-Forschungen.
Abhandlungen zur Karst- und Höhlenkunde, Heft
34, S. 100–106, München 2002
REICHENAU, Wilhelm von: Beiträge zur näheren
Kenntnis der Carnivoren aus den Sanden von Mauer
und Mosbach. Abhandlungen der Großherzoglichen
Hessischen Geologischen Landesanstalt zu
Darmstadt, Band IV, Heft 2, S. 189–313, Darmstadt
1906
ROSENDAHL, Wilfried: Höhleninhalte – Spiegel-
bilder pleistozäner Umweltverhältnisse. Aus:

ROSENDAHL, Wilfried / HOPPE, Andreas:
Angewandte Geowissenschaften in Darmstadt.
Schriftenreihe der Deutschen Geologischen
Gesellschaft, Heft 15, S. 145–156, Hannover 2002

ROSENDAHL, Wilfried / DARGA, Robert: Klima,
Umwelt und Mensch im Oberpleistozän des
Chiemgaus – neue Daten und Befunde. Terra Nostra,
6, S. 305–309, Potsdam 2002

ROSENDAHL, Wilfried / DARGA, Robert: *Homo
sapiens neanderthalensis* et *Panthera leo spelaea* – du noveau
à propos du site de Siegsdorf (Chiemgau), Bavière/
Allemagne. Revue du Paléobiologie 23 (2), S. 653–
658, Genève 2004

ROSENDAHL, Wilfried / DARGA, Robert:
Zur Anwesenheit des mittelpaläolithischen Menschen
im südostbayerischen Alpenvorland. Bayerische
Vorgeschichtsblätter, 69, München 2004

ROSENDAHL, Wilfried / DARGA, Robert /
BURGER, Joachim: Die pleistozäne Großsäuger-
fauan von Siegsdorf (Süddeutschland) – neue
Untersuchungen. Mitteilungen der Kommission für
Quartärforschung der Österreichischen Akademie der
Wissenschaften 14, S. 153–160, Wien 2005

ROSENDAHL, Wilfried / ROSENDAHL, Gaelle:
Die Neandertaler – zum Leben und Wesen der
ältesten Chiemgauer. Aus: BINSTEINER, Alexander
/ DARGA, Robert (Hrsg.): Steinzeit im Chiemgau,
S. 31–36, München 2003

RUTTE, Erwin: Die Fundstelle altpleistozäner
Wirbeltiere von Randersacker bei Würzburg.
Geologisches Jahrbuch, 73, S. 737–754, Hannover
1958

SANDBERGER, Fridolin: Ueber die pleistocänen
Kalktuffe der fränkischen Alb nebst Vergleichungen
mit Analogen. Sitzungsberichte der mathematisch-
physikalischen Classe der Königlich bayerischen
Akademie der Wissenschaften zu München, 23, S. 3–
16, München 1893

SANDER, Anne: Ein Jaguar-Neufund aus den
mittelpleistozänen Mosbach-Sanden. Hessen
Archäologie 2003, herausgegeben von der
Archäologischen und Paläontologischen Denkmal-
pflege des Landesamtes für Denkmalpflege Hessen,
S. 17–19, Wiesbaden 2003

SCHAUB, Samuel: Revision de quelques Carnassiers
villafranchiens du Niveau des Etouaires (Montage de
Perrier, Puy de Dome). Eclogae geologicae Helvetiae
42 (2), S. 492–506, Basel 1949

SCHLOSSER, Max: Über Höhlen bei Mörnsheim
(Mittelfranken) und Ausgrabungen bei Velburg
(Oberpfalz). Correspondenz-Blatt der Deutschen
Gesellschaft für Anthropologie, Ethnologie und
Urgeschichte, 30, Nr. 2, S. 9–14, München 1899

SCHLOSSER, Max / BIRKNER, Ferdinand /
OBERMAIER, Hugo: Die Bären- oder Tischofer
Höhle im Kaisertal bei Kufstein. Abhandlungen der

Mathematisch-Physikalischen Königlich Bayerischen
Akademie der Wissenschaften, Band 24, S. 385–506,
München 1910

SCHLOSSER, Max: Über neuere Untersuchungen
von Höhlen in Bayern. Centralblatt für Mineralogie,
Jahrgang 1926, Abt. B, S. 361–365, Stuttgart 1926

SCHMID, Elisabeth: Variations-statistische
Untersuchungen am Gebiss pleistozäner und rezenter
Leoparden und anderer Feliden. Zeitschrift für
Säugetierkunde, Stuttgart 1940

SCHMIDT, Robert Rudolf / KOKEN, Ernst /
SCHLIZ, Alfred: Die diluviale Vorzeit Deutschland,
Stuttgart 1912

SCHMIDTGEN, Otto: *Felis pardus* spec. L. aus dem
Mosbacher Sand. Sonderdruck aus „Jahrbücher des
Nassauischen Vereins für Naturkunde", Jahrgang 74,
S. 51–58, München und Wiesbaden 1922

SCHÜTT, Gerda: Untersuchungen am Gebiß von
Panthera leo fossilis (V. Reichenau 1906) und *Panthera leo
spelaea* (Goldfuss 1810). Ein Beitrag zur Systematik
der pleistozänen Großkatzen Europas. Neues
Jahrbuch für Geologie und Paläontologie,
Abhandlungen 134, S. 192–220, Stuttgart 1969

SCHÜTT, Gerda: Die jungpleistozäne Fauna der
Höhlen bei Rübeland im Harz. Quartär, 20, S. 79–
125, Bonn 1969

SCHÜTT, Gerda: *Panthera pardus sickenbergi* n. subsp.
aus den Mauerer Sanden. Neues Jahrbuch für

Geologie und Paläontologie, Monatsheft, S. 299–310,
Stuttgart 1969

SCHÜTT, Gerda: Ein Gepardenfund aus den
Mosbacher Sanden (Altpleistozän, Wiesbaden).
Mainzer naturwissenschaftliches Archiv, 9, S. 118–
131, Mainz 1970

SCHÜTT, Gerda / HEMMER, Helmut: Zur
Evolution des Löwen (*Panthera leo* L.) im europäischen
Pleistozän. Neues Jahrbuch für Geologie und
Paläontologie, Monatshefte 4, S. 228–255, Stuttgart
1978

SIEGFRIED, Paul: Pleistozäne Säugetiere in
westfälischen Höhlen. Jahreshefte für Karst- und
Höhlenkunde, 2, S. 177– 191, München 1961

SIEGFRIED, Paul: Die eiszeitliche Tierwelt nach
Funden in Warsteiner Höhlen. Aufschluß,
Sonderband, 29, S. 193–204, Heidelberg 1979

SIEGFRIED, Paul: Fossilien Westfalens. Eiszeitliche
Säugetiere. Eine Osteologie pleistozäner Großsäuger.
Münstersche Forschungen zur Geologie und
Paläontologie. 60, S. 1–163, Münster 1983

STEINER, Ute / STEINER, Walter: Ergebnisse der
Grabungen 1962 in den quartären Sedimenten und
Bemerkungen zur Genese der Rübelander Höhlen/
Harz. Jahresschrift für mitteldeutsche Vorgeschichte,
53, S. 103–140, Halle/Saale 1969

STEINER, Walter: Der Travertin von Ehringsdorf
und seine Fossilien, Wittenberg 1981

THENIUS, Ernst: Gepardreste aus dem Altquartär
von Hundsheim in Niederöstereich. Neues Jahrbuch
für Geologie und Paläontologie, Monatshefte, S. 225–
238, Stuttgart 1953

THIEME, Hartmut: Freden (Leine). Jungpaläo-
lithische Station. Aus: HÄSSLER, Hans-Jürgen:
Ur- und Frühgeschichte in Niedersachen, S. 423,
Stuttgart 1991

THIEME, Hartmut: Freden (Leine). Herzberg am
Harz, Scharzfeld. Aus: HÄSSLER, Hans-Jürgen:
Ur- und Frühgeschichte in Niedersachen, S. 446–450,
Stuttgart 1991

TURNER, Alan / ANTÓN, Mauricio: The Big Cats
and their fossil relatives. New York 1997

VERBAND DER DEUTSCHEN HÖHLEN- UND
KARSTFORSCHER (Hrsg.): Die Moggaster Höhle –
Eine der bedeutendsten Höhlen der Fränkischen
Schweiz. Karst und Höhle 1998/1999, S. 104,
München 2000

VERESHCHAGIN, Nikolai K.: Le lion des cavernes:
Panthera (Leo) spelaea Goldfuß et son histoire dans
l'Holartique. Aus: Études sur le Quaternaire dans le
monde. VIII Congrés INQUA, 1, S. 463–464,
Paris 1969

WAGNER, Adolf: Neue paläontologische
Höhlenfunde aus der Frankenalb. Mitteilungsblatt
der Abteilung für Karst- und Höhlenkunde der
Naturhistorischen Gesellschaft Nürnberg,

13. Jahrgang 1980, Heft 1/2, S. 6–13,
Nürnberg 1980

WEHRBERGER, Kurt / REINHARDT, Brigitte:
Der Löwenmensch: Geschichte – Magie – Mythos,
Ulm 2005

WENZEL, Stefan: Die Funde aus dem Travertin von
Stuttgart-Untertürkheim und die Archäologie der
letzten Warmzeit in Mitteleuropa.
Universitätsforschungen zur prähistorischen
Archäologie, Band 52, S. 1–272, Bonn 1998

WIKIPEDIA Freie Enzyklopädie
http://wikipedia.org

WURM, Adolf: Beiträge zur Kenntnis der diluvialen
Säugetierfauna von Mauer a. d. Elsenz (bei
Heidelberg). I. *Felis leo fossilis.* Jahresberichte und
Mitteilungen des Oberrheinischen Geologischen
Vereins, NF 2, S. 77–102, Stuttgart 1912

ZIEGLER, Reinhold: Löwen aus dem Eiszeitalter
Süddeutschlands. Aus: Der Löwenmensch, Tier und
Mensch in der Kunst der Eiszeit, S. 46–52,
Sigmaringen 1994

ZITTEL, Karl Alfred: Die Räuberhöhle am
Schelmengraben, eine prähistorische Höhlenwohnung
in der bayerischen Oberpfalz. Sitzungsberichte der
Mathematisch-Physikalischen Classe der Königlich-
Bayerischen Akademie der Wissenschaften, 2, Heft 1,
München 1872

Bildquellen

Mauricio Antón Ortúzar, Departamento de
Paleobiologia, Museo Nacional de Ciencas Naturales-
CSIC, Madrid: 72 unten links
Archiv Forschungsstelle für Quartärpaläontologe der
Senckenbergischen Naturforschenden Gesellschaft,
Weimar: 104 oben
Archiv Naturhistorisches Museum Rotterdam: 42
unten
Dr. Gennady Baryshnikov, Zoological Institute of
Russian Academy of Sciences, St. Petersburg: 42 oben
links
Rene Bleuanus, Gorinchem, Niederlande: 70
Klaus Benz, Fotograf, Mainz-Laubenheim: 114
Petra Berns, Bad Honnef: 46 unten
Dr. Gennady Boeskorov, Mammoth Museum of the
Institute of Applied Ecology of the Academy of
Sciences of The Sakha Republic (Yakutia), Jakutsk: 42
oben rechts
Dr. Cajus G. Diedrich, PalaeoLogic, Halle/Westfalen:
32, 34
Mike Everhart, Adjunct Curator of Paleontology,
Sternberg Museum of Natural History, Fort Hays
State University, Hays, Kansas: 40 unten
Forschungsinstitut Senckenberg, Frankfurt am Main:
102 oben

Dr. Jens Lorenz Franzen, Titisee-Neustadt, ehrenamtlicher Mitarbeiter des Forschungsinstituts Senckenberg in Frankfurt am Main und des Naturhistorischen Museums Basel: 102 unten

Heinrich Harder (1858–1935), Gemälde zur Illustration von 30 Sammelkarten mit dem Titel „Tiere der Urwelt" um 1920: 12

Ulrich H. J. Heidtke, Niederkirchen (Pfalz): 66 oben, 66 unten, 68 oben, 68 unten

Dr. Brigitte Hilpert, Geozentrum Nordbayern, Fachgruppe PaläoUmwelt, Erlangen: 36 oben, 36 unten, 46 oben, 96

Homo heidelbergensis von Mauer e. V. , Mauer bei Heidelberg: 22 oben

Professor Dr. Hansjürg Kuhn, Göttingen: 58 oben

Landesamt für Denkmalpflege Hessen, Abteilung Archäologie und Paläontologie, Schloss Biebrich, Wiesbaden: 56 unten, 60 oben, 60 unten

Sergio De la Rosa Martinez, Toluca, Mexiko: 40 oben

Naturhistorisches Museum Mainz / Landessammlung für Naturkunde Rheinland-Pfalz: 18, 20 oben, 20 unten, 56 oben, 58 unten rechts, 64

Quadrat Bottrop, Museum für Ur- und Ortsgeschichte (Foto: Hagen Schulz-Hanke): 14

Péter Papp, Geologe, Magyar Állami Földtani Intézet / Geological Institute of Hungary, Budapest: 54

o. Univ. Professor Dr. Gernot Rabeder, Institut für Paläontologie Universität Wien (Foto: Rudolf Gold): 90 unten

Reproduktion aus: ABEL, Othenio: Lebensbilder aus
der Tierwelt der Vorzeit, Jena 1927: 6
Reproduktion aus: ESPER, Johann Friedrich:
Ausführliche Nachricht von neuentdeckten Zoolithen
unbekannter vierfüsiger Thiere, und denen sie
enthaltenden, so wie verschiedenen anderen,
denkwürdigen Grüften der Obergebürgischen Lande
des Markgrafenthums Bayreuth, Nürnberg 1774:
33
Reproduktion aus: MOL, Dick / LOGCHEM, Wilrie
van / HOOIJDONK, Kees van / BAKKER, Remie:
The Saber-Toothed Cat of the Nord Sea, Norg 2008:
72 oben
Reproduktion aus: PROBST, Ernst: Deutschland in
der Steinzeit, München 1991: Zeichnung von Fritz
Wendler (1941–1995): 26
Reproduktionen aus: PROBST, Ernst: Deutschland in
der Urzeit, München 1986: Gemälde von Fritz
Wendler (1941–1995): 19, 24 oben, 100, 104 unten
Reproduktion aus WOODWARD, Horace B.: The
History of the Geological Society of London,
London 1907 (Gemälde von 1843): 48
Reproduktion des Gemäldes „Carolus Linnaeus"
(1775) von Alexander Roslin (1718–1793): 112
Reproduktion eines Fotos: 22 unten
Reproduktion eines Fotos um 1835: 108
Reproduktion eines Gemäldes eines unbekannten
Künstlers: 94
Reproduktion: Steinmann-Institut für Paläontologie,
Unversität Bonn: 30

146

Bücher von Ernst Probst

Affenmenschen
Von Bigfoot bis zum Yeti

Annie Oakley
Die Meisterschützin des Wilden Westens

Archaeopteryx. Der Urvogel aus Bayern

Christl-Marie Schultes. Die erste Fliegerin in Bayern
(zusammen mit Theo Lederer)

Cortés und Malinche. Der spanische Eroberer
und seine indianaische Geliebte

Das Dinotherium-Museum Eppelsheim
Führer durch die Ausstellung
(zusammen mit Dr. Jens Lorenz Franzen
und Heiner Roos)

Der Europäische Jaguar

Der Mosbacher Löwe
Die riesige Raubkatze aus Wiesbaden

Der Rhein-Elefant
Das Schreckenstier von Eppelsheim

Der Schwarze Peter
Ein Räuber im Hunsrück und Odenwald

Der Ur-Rhein
Rheinhessen vor zehn Millionen Jahren

Deutschland im Eiszeitalter

Die Dolchzahnkatze *Megantereon*

Die Bronzezeit

Die Aunjetitzer Kultur in Deutschland

Die Straubinger Kultur in Deutschland

Die Adlerberg-Kultur

Die nordische Bronzezeit in Deutschland

Die Hügelgräber-Kultur in Deutschland

Die Lüneburger Gruppe in der Bronzezeit

Die Stader Gruppe in der Bronzezeit

Die Urnenfelder-Kultur in Deutschland

Die Lausitzer Kultur in Deutschland

Die Dolchzahnkatze *Smilodon*

Die Säbelzahnkatze *Machairodus*

Die Säbelzahnkatze *Homotherium*

Dinosaurier in Deutschland. Vom *Efraasia*
bis zu *Sellosaurus*

Dinosaurier von A bis K. Von *Abelisaurus*
bis zu *Kritosaurus*

Dinosaurier von L bis Z. Von *Labocania*
bis zu *Zupaysaurus*

Eiszeitliche Geparde in Deutschland

Eiszeitliche Leoparden in Deutschland

Frauen im Weltall

Höhlenlöwen. Raubkatzen im Eiszeitalter

Johann Jakob Kaup
Der große Naturforscher aus Darmstadt

Julchen Blasius. Die Räuberbraut des Schinderhannes

Königinnen der Lüfte in Deutschland

Königinnen der Lüfte in Europa

Königinnen der Lüfte in Amerika

Königinnen der Lüfte von A bis Z

Königinnen des Tanzes

Malende Superfrauen

Meine Worte sind wie die Sterne
Die Entstehung der Rede des Häuptlings Seattle
(zusammen mit Sonja Probst)

Monstern auf der Spur
Wie die Sagen über Drachen, Riesen
und Einhörner entstanden

Raub-Dinosaurier von A bis Z.
Mit Zeichnungen von Dmitry Bogdanav
und Nobu Tamura

Rekorde der Urmenschen
Erfindungen, Kunst und Religion

Rekorde der Urzeit
Landschaften, Pflanzen und Tiere

Säbelzahnkatzen. Von *Machairodus* bis zu *Smilodon*

Superfrauen 12 – Sport

Superfrauen 13 – Mode und Kosmetik

Superfrauen 14 – Medien und Astrologie

Zenobia. Eine Frau kämpft gegen die Römer

Bestellungen bei: http://www.grin.com